essentials

Essentials liefern aktuelles Wissen in konzentrierter Form. Die Essenz dessen, worauf es als „State-of-the-Art“ in der gegenwärtigen Fachdiskussion oder in der Praxis ankommt. Essentials informieren schnell, unkompliziert und verständlich

- als Einführung in ein aktuelles Thema aus Ihrem Fachgebiet
- als Einstieg in ein für Sie noch unbekanntes Themenfeld
- als Einblick, um zum Thema mitreden zu können

Die Bücher in elektronischer und gedruckter Form bringen das Expertenwissen von Springer-Fachautoren kompakt zur Darstellung. Sie sind besonders für die Nutzung als eBook auf Tablet-PCs, eBook-Readern und Smartphones geeignet.

Essentials: Wissensbausteine aus den Wirtschafts, Sozial- und Geisteswissenschaften, aus Technik und Naturwissenschaften sowie aus Medizin, Psychologie und Gesundheitsberufen. Von renommierten Autoren aller Springer-Verlagsmarken.

Hermann Sicius

Halogene: Elemente der siebten Hauptgruppe

Eine Reise durch das Periodensystem

Dr. Hermann Sicius
Dormagen
Deutschland

ISSN 2197-6708 ISSN 2197-6716 (electronic)
essentials
ISBN 978-3-658-10189-3 ISBN 978-3-658-10190-9 (eBook)
DOI 10.1007/978-3-658-10190-9

Die Deutsche Nationalbibliothek verzeichnet diese Publikation in der Deutschen Nationalbibliografie; detaillierte bibliografische Daten sind im Internet über http://dnb.d-nb.de abrufbar.

Springer Spektrum

Gedruckt auf säurefreiem und chlorfrei gebleichtem Papier

Springer Fachmedien Wiesbaden ist Teil der Fachverlagsgruppe Springer Science+Business Media (www.springer.com)

Susanne Petra Sicius-Hahn
Fabian Hahn und Elisa Hahn

Was Sie in diesem Essential finden können

- Eine umfassende Beschreibung von Herstellung, Eigenschaften und Verbindungen der Halogene
- Aktuelle und zukünftige Anwendungen der Halogene
- Ausführliche Charakterisierung der einzelnen Elemente

Inhaltsverzeichnis

1 Einleitung

Willkommen bei den Halogenen (Salzbildnern), dieser in so vielen chemischen Verbindungen vorkommenden, hochreaktiven Elementenfamilie! Im Periodensystem findet man sie in der siebten Hauptgruppe, den äußeren Elektronenschalen ihrer Atome fehlt nur ein einziges Elektron, um eine abgeschlossene und somit sehr stabile Elektronenkonfiguration bilden zu können. Fluoridierung des Zahnschmelzes, Natriumchlorid, Bromide im Toten Meer oder Iod zur Desinfektion in medizinischen Anwendungen… über diese Begriffe haben Sie sehr wahrscheinlich schon etwas gelesen oder gehört. Aber wie sieht der Hintergrund hierzu aus? Welche Elemente umfasst diese Gruppe? Manche wie Chlor und Brom sind schon über 200 Jahre bekannt, die beiden radioaktiven Vertreter, Astat bzw. Ununseptium, aber erst seit 1940 bzw. 2010. Fluor, Chlor, Brom und Iod bzw. ihre Verbindungen sind auf sehr vielen Gebieten schon lange im Einsatz.

Fluor und Chlor sind bei Raumtemperatur Gase, Brom ist neben Quecksilber das einzige bei Raumtemperatur flüssige Element, wogegen Iod, Astat und möglicherweise auch Ununseptium unter diesen Bedingungen Feststoffe sind. Nur Astat und wahrscheinlich auch Ununseptium zeigen einen stärker metallischen Charakter, wogegen Fluor, Chlor, Brom und Iod Nichtmetalle sind. Sie finden sie alle im untenstehenden Periodensystem in der Gruppe H 7.

Elemente werden eingeteilt in Metalle (z. B. Natrium, Calcium, Eisen, Zink), Halbmetalle wie Arsen, Selen, Tellur sowie Nichtmetalle wie beispielsweise Sauerstoff, Chlor, Iod oder Neon. Die meisten Elemente können sich untereinander verbinden und bilden chemische Verbindungen; so wird z. B. aus Natrium und Chlor die chemische Verbindung Natriumchlorid, also Kochsalz.

Einschließlich der natürlich vorkommenden sowie der bis in die jüngste Zeit hinein künstlich erzeugten Elemente nimmt das aktuelle Periodensystem der Elemente (Abb. 1.1) bis zu 118 Elemente auf, von denen zur Zeit noch vier Positionen unbesetzt sind, einschließlich der des Ununseptiums (Uus, Ordnungszahl 117).

H. Sicius, *Halogene: Elemente der siebten Hauptgruppe*, essentials,
DOI 10.1007/978-3-658-10190-9_1

H1	H2	N3	N4	N5	N6	N7	N8	N9	N10	N1	N2	H3	H4	H5	H6	H7	H8
1 H																	2 He
3 Li	4 Be											*5 B*	6 C	7 N	8 O	9 F	10 Ne
11 Na	12 Mg											13 Al	*14 Si*	15 P	16 S	17 Cl	18 Ar
19 K	20 Ca	21 Sc	22 Ti	23 V	24 Cr	25 Mn	26 Fe	27 Co	28 Ni	29 Cu	30 Zn	31 Ga	*32 Ge*	*33 As*	*34 Se*	35 Br	36 Kr
37 Rb	38 Sr	39 Y	40 Zr	41 Nb	42 Mo	43 Tc	44 Ru	45 Rh	46 Pd	47 Ag	48 Cd	49 In	50 Sn	51 Sb	*52 Te*	53 I	54 Xe
55 Cs	56 Ba	57 La	72 Hf	73 Ta	74 W	75 Re	76 Os	77 Ir	78 Pt	79 Au	80 Hg	81 Tl	82 Pb	83 Bi	84 Po	85 At	86 Rn
87 Fr	88 Ra	89 Ac	104 Rf	105 Db	106 Sg	107 Bh	108 Hs	109 Mt	110 Ds	111 Rg	112 Cn	113 Uut	114 Fl	115 Uup	116 Lv	117 Uus	118 Uuo
	Ln >	58 Ce	59 Pr	60 Nd	61 Pm	62 Sm	63 Eu	64 Gd	65 Tb	66 Dy	67 Ho	68 Er	69 Tm	70 Yb	71 Lu		
	An >	90 Th	91 Pa	92 U	93 Np	94 Pu	95 Am	96 Cm	97 Bk	98 Cf	99 Es	100 Fm	101 Md	102 No	103 Lr		

Radioaktive Elemente *Halbmetalle*

H: Hauptgruppen N: Nebengruppen

Abb. 1.1 Periodensystem der Elemente

Die Einzeldarstellungen der insgesamt sechs Vertreter der Gruppe der Halogene enthalten dabei alle wichtigen Informationen über das jeweilige Element, so dass ich hier nur eine kurze Einleitung vorangestellt habe.

2 Vorkommen

Halogene kommen in der Natur vor allem als einfach negativ geladene Anionen (Halogenide) in Form von Salzen vor. Das zugehörige Kation ist meist ein Alkali- oder Erdalkalimetall, die Natrium- und Kaliumhalogenide herrschen dabei vor. Aus jenen kann man die Halogene durch Elektrolyse gewinnen. Ein großer Teil der Halogenide ist im Meerwasser gelöst.

Zu den wichtigen Verbindungen gehören Natriumchlorid (unser Speisesalz) und Kaliumchlorid, Natrium- bzw. Kaliumbromid und -iodid, Calciumfluorid sowie Kryolith Aluminiumtrinatriumhexafluorid, $Na_3(AlF_6)$.

Iod kommt darüber hinaus in der Natur auch als Iodat vor. Astat ist das seltenste natürlich vorkommende Element, ein Zwischenprodukt der Uran- und Thoriumzerfallsreihe, und Ununseptium konnte bisher nur in Gestalt weniger Atome künstlich dargestellt werden.

H. Sicius, *Halogene: Elemente der siebten Hauptgruppe,* essentials,
DOI 10.1007/978-3-658-10190-9_2

3 Herstellung

Gasförmiges, elementares Fluor (F_2) ist nur durch elektrochemische Prozesse zu erzeugen, denn kein Element und auch keine chemische Verbindung haben ein größeres Redoxpotential als Fluor.

Die anderen Halogene (Chlor, Brom, Iod) sind sowohl durch Elektrolyse (beispielsweise Chloralkalielektrolyse) als auch durch Einwirkung von Oxidationsmitteln (wie MnO_2 (Braunstein), $KMnO_4$ (Kaliumpermanganat) herstellbar.

Brom bzw. Iod können auch durch Umsetzung von Bromid bzw. Iodid mit Chlor hergestellt warden:

$$Cl_2 + 2\,Br^- \rightarrow 2\,Cl^- + Br_2$$

$$Cl_2 + 2\,I^- \rightarrow 2\,Cl^- + I_2$$

Neben der Chloralkalielektrolyse dient auch das Deacon-Verfahren zur Herstellung von Chlor, bei dem Chlorwasserstoffgas mit Luftsauerstoff bei Temperaturen um 450 °C und Gegenwart eines Katalysators umgesetzt wird:

$$4\,HCl + O_2 \rightarrow 2\,Cl_2 + 2\,H_2O$$

H. Sicius, *Halogene: Elemente der siebten Hauptgruppe*, essentials,
DOI 10.1007/978-3-658-10190-9_3

4 Eigenschaften

4.1 Physikalische Eigenschaften

Elementare Halogene sind farbige, gasförmige oder leicht flüchtige flüssige oder feste Substanzen, die in Wasser löslich sind. (Fluor reagiert dabei mit Wasser.) Mit ihrer Ordnungszahl steigen Farbintensität, Dichte und Siedepunkt an. Alle liegen als zweiatomige Moleküle der Form X_2 vor (z. B. F_2 und Cl_2) und sind elektrische Nichtleiter, jedoch zeigt Iod unter bestimmten Bedingungen Halbleitereigenschaften, und Astat als Halbmetall dürfte einen echten Halbleiter darstellen.

Die Farbintensität im jeweils gasförmigen Aggregatzustand nimmt mit steigender Ordnungszahl zu, ebenso Dichte, Schmelz- und Siedepunkte. Die Elektronegativität nimmt dagegen in dieser Folge ab. Unter Standardbedingungen sind Fluor und Chlor Gase, Brom ist eine Flüssigkeit und Iod fest.

4.2 Chemische Eigenschaften

Halogene sind sehr reaktionsfähige Nichtmetalle, da ihnen, wie eingangs bereits erwähnt, nur noch ein einziges Valenzelektron zur vollen Besetzung der äußeren Elektronenschale fehlt. Da die Bindung zwischen zwei Halogenatomen nicht sehr stabil ist, reagieren auch Halogenmoleküle heftig; die Reaktivität nimmt von Fluor, dem reaktionsfähigsten Halogen, zum Iod hin ab.

Halogene reagieren mit Metallen unter Bildung von Salzen, was ihnen ihren Namen verlieh. Beispiel: Bildung von Kochsalz (NaCl) bzw. Calciumchlorid ($CaCl_2$):

$$2\,Na + Cl_2 \rightarrow 2\,NaCl \qquad Ca + Cl_2 \rightarrow CaCl_2$$

H. Sicius, *Halogene: Elemente der siebten Hauptgruppe*, essentials,
DOI 10.1007/978-3-658-10190-9_4

Halogene reagieren exotherm, hinsichtlich der Reaktivität vom Fluor zum Iod hin abnehmend, mit Wasserstoff unter Bildung von Halogenwasserstoffen. Diese sind, in Wasser gelöst, Säuren, mit einer vom Fluor- zum Iodwasserstoff hin zunehmenden Stärke bzw. Dissoziationskonstante. Die Heftigkeit der Reaktion nimmt von Fluor zu Iod ab.

Die Wasserlöslichkeit der Halogene nimmt von Fluor zu Iod ab, wobei Fluor mit Wasser unter Bildung von Fluorwasserstoff und Sauerstoff reagiert.

$$2\ F_2 + 2\ H_2O \rightarrow 2\ H_2F_2 + O_2$$

5 Einzeldarstellungen

Im folgenden Teil sind die Halogene jeweils einzeln mit ihren wichtigen Eigenschaften, Herstellungsverfahren und Anwendungen beschrieben.

Fluor

Symbol	F	
Ordnungszahl	9	
CAS-Nr.	7782-41-4	
Aussehen	Hellgelbes Gas	Flüssiges Fluor (Mueller 2011)
Entdecker, Jahr	Moissan (Frankreich), 1886	
Wichtige Isotope [natürliches Vorkommen (%)]	Halbwertszeit (a)	Zerfallsart, -produkt
$^{19}_{9}F$ (100)	Stabil	–
Massenanteil in der Erdhülle (ppm)		280
Atommasse (u)		18,9984
Elektronegativität (Pauling ♦ Allred&Rochow ♦ Mulliken)		4,0 ♦ K. A. ♦ K. A.
Normalpotential für: $F_2+2\,e^- > 2\,°F^-$ (V)		+2,87
Atomradius (pm)		50
Van der Waals-Radius (berechnet, pm)		147
Kovalenter Radius (pm)		71
Elektronenkonfiguration		[He] $2s^2\ 2p^5$
Ionisierungsenergie (kJ/mol), erste ♦ zweite ♦ dritte		1681 ♦ 3374 ♦ 6050

H. Sicius, *Halogene: Elemente der siebten Hauptgruppe,* essentials,
DOI 10.1007/978-3-658-10190-9_5

Magnetische Volumensuszeptibilität	Keine Angabe
Magnetismus	Diamagnetisch
Kristallsystem	<−227,6 °C monoklin, −227,6 – −219,5 °C: kubisch
Dichte (kg/m³, bei 273,15 K)	1,6965
Molares Volumen (m³/mol, im festen Zustand)	$11{,}20 \cdot 10^{-6}$ (fest)
Wärmeleitfähigkeit ([W/(m × K)])	0,0279
Spezifische Wärme ([J/(mol × K)])	31 (c_p bei 21,1 °C), 23 (c_v bei 21,1 °C)
Schmelzpunkt (°C ♦ K)	−219,62 ♦ 53,53
Schmelzwärme (kJ/mol)	0,2552
Siedepunkt (°C ♦ K)	−188 ♦ 85,15
Verdampfungswärme (kJ/mol)	6,32
Tripelpunkt (°C ■ kPa)	−219,76 ■ 90
Kritischer Punkt (°C ■ MPa)	−128,74 ■ 5,1274 (Römpp Online 2014)

Vorkommen Fluor kommt wegen seiner hohen Reaktivität in der Natur nur chemisch gebunden als Fluorid in Form einiger Minerale vor; einzige Ausnahme ist der uranhaltige Wölsendorfer Stinkspat, der infolge der Einwirkung radioaktiver Strahlung geringe Mengen an Fluor abgibt (Schmedt auf der Günne et al. 2012). Der Gehalt von Fluor in der Erdkruste ist mit 525 ppm ziemlich hoch (Wedepohl 1995).

Fluorit (CaF_2) und der Fluorapatit [$Ca_5(PO_4)_3F$] sind die wichtigsten fluoridhaltigen Minerale. Während Fluorapatit hauptsächlich als Rohstoff zur Gewinnung von Phosphat dient, erzeugt man Fluor und seine Verbindungen aus Fluorit, der vor allem in Mexiko, China, Südafrika, Spanien, Deutschland und Russland vorkommt und abgebaut wird. Zur Herstellung von Aluminium setzt man Kryolith (Na_3AlF_6) ein; jedoch sind dessen natürliche Vorkommen auf Grönland beinahe völlig ausgebeutet, weshalb man synthetisch hergestellten verwendet. Seltener kommt Fluorid in den Mineralen $Al_2[(F, OH)_2|SiO_4]$, Sellait MgF_2 und Bastnäsit (La, Ce)(CO_3)F vor.

Fluoressigsäure wird von dem südafrikanischen Busch Gifblaar sowie einigen Lianenarten produziert und in ihren Blättern gespeichert. Gegenüber Fressfeinden wirkt dies tödlich, da Fluoressigsäure den Zitronensäurezyklus unterbricht (Wedepohl 1995).

Gewinnung Aus Fluorit (CaF_2) erhält man durch Umsetzung mit konzentrierter Schwefelsäure Fluorwasserstoff (Flusssäure):

$$CaF_2 + H_2SO_4 \rightarrow CaSO_4 + H_2F_2.$$

Der größte Teil der erzeugten Flusssäure wird zur Herstellung weiterer Fluorverbindungen eingesetzt, nur ein geringer Teil zur Synthese von Fluor. Jenes erzeugt man durch Elektrolyse einer völlig wasserfreien Mischung von Kaliumfluorid und Fluorwasserstoff im Verhältnis von 1:1 bis 1:3. In der Technik wendet man das Mitteltemperatur-Verfahren mit einem Mischungsverhältnis von 1:2 bei Temperaturen von 70 bis 130 °C an. Die unter einer Spannung von 8 bis 12 V betriebenen Elektroden bestehen aus Graphit, die Elektrolysezelle aus Stahl oder Monel. Zusätzlich eingesetzte Eisenbleche trennen wirkungsvoll den Anoden- vom Kathodenraum, womit eine Durchmischung der entstehenden Gase verhindert wird. Der bei der Elektrolyse verbrauchte Fluorwasserstoff wird laufend ersetzt.

Das elektrolytisch erzeugte Fluor ist noch mit Fluorwasserstoff (H_2F_2), Sauerstoff und Fluorkohlenwasserstoffen verunreinigt. H_2F_2 entfernt man durch Adsorption an Natriumfluorid, die anderen Stoffe durch Ausfrieren. Im Labor kann es durch thermische Zersetzung des instabilen Mangantetrafluorids (MnF_4), erzeugt werden, das man wiederum aus K_2MnF_6 und SbF_5 herstellt (Riedel 2004).

Einige Metalle wie Stahl, Aluminium, Magnesium, Nickel oder Kupfer greift Fluor kaum an, da die Metalle nach erstem Kontakt mit Fluorgas sofort mit einer schützenden Fluoridschicht bedeckt werden. Sie zersetzen sich aber unter Rotglut mit Fluor um, ebenso wie dies auch bei Gold und Platin der Fall ist. Selbst die Edelgase Xenon und Radon reagieren mit Fluor. Da Fluor auch Glas angreift und am Ende unter Bildung von Siliciumtetrafluorid auch zerstört, transportiert und lagert man es in Flaschen aus Kupfer-Nickel-Legierungen.

Eigenschaften Bei Raumtemperatur ist Fluor ein blassgelbes, stechend riechendes Gas, das bei −188 °C zu einer gelben Flüssigkeit kondensiert (Burdon et al. 1987). Bei −219,52 °C erstarrt es (Holleman et al. 2007). Zwischen −227,6 °C und dem Schmelzpunkt kristallisiert Fluor kubisch (β-Fluor) (Jordan et al. 1964), unterhalb von −227,6 °C monoklin (α-Fluor) (Pauling et al. 1970). Bei einer Temperatur von 0 °C und einem Druck von 1013 hPa besitzt Fluor eine Dichte von 1,6959 kg/m^3 und besitzt somit ein höheres spezifisches Gewicht als Luft.

Fluor ist eines der stärksten Oxidationsmittel und zugleich das elektronegativste Element. Es reagiert meist heftig mit allen Elementen außer Helium und Neon, so selbst als Feststoff mit Wasserstoff ohne Lichtaktivierung bei −200 °C explosionsartig. Ebenfalls intensiv reagieren viele chemische Verbindungen mit Fluor, darunter Wasser, Ammoniak oder Kohlenwasserstoffe. Mit Wasser kann die Reaktion auf mehreren Wegen laufen. In kaltes Wasser eingeleitet, setzen sich geringe Mengen an Fluor zu Wasserstoffperoxid und Flusssäure (Cady 1935) um:

$$F_2 + 2\,H_2O \rightarrow H_2O_2 + H_2F_2,$$

Dagegen führt die Anwendung überschüssiger Mengen an Fluor hauptsächlich zur Bildung von Sauerstoff und Sauerstoffdifluorid (Cady 1935).

Werden feste Metalloberflächen Fluor ausgesetzt, bildet sich zunächst eine Passivierungsschicht auf der Metalloberfläche, die aber bei erhöhten Temperaturen und Fluordrücken nicht dicht ist. Das Metall kann weiter reagieren, durch die freigesetzte Reaktionswärme aufschmelzen und schließlich im Fluorstrom verbrennen.

Kunststoffe bilden durch Einwirkung von Fluor bei Raumtemperatur meist eine fluorierte Oberflächenschicht aus.

Während Glas bei Raumtemperatur nicht mit Fluor reagiert -wohl aber mit Fluorwasserstoff-, bildet es bei erhöhter Temperatur gasförmiges Siliciumtetrafluorid. Sind daneben Spuren von Fluorwasserstoff zugegen, erfolgt auch bei Raumtemperatur eine schnelle Reaktion.

Verbindungen Als elektronegativstes Element tritt Fluor in seinen Verbindungen ausschließlich mit der Oxidationszahl -1 auf.

Fluorwasserstoff ist ein stark ätzend wirkendes und giftiges Gas, dessen wässrige Lösung Flusssäure genannt wird. Die hinsichtlich ihrer Dissoziation nur mittelstarke Flusssäure reagiert leicht mit Glas, muss daher in Guttapercha- oder anderen geeigneten Gefäßen aufbewahrt werden und wird in der Glasindustrie zum Ätzen eingesetzt. Aus Fluorwasserstoff stellt man viele Verbindungen des Fluors her.

Fluoride sind die Salze des Fluorwasserstoffs; die wichtigsten in der Natur vorkommenden sind Fluorit und Fluoroapatit. Natriumfluorid verwendet man als Holzschutzmittel, früher wurde es als Ratten- und Insektengift verkauft.

Niedermolekulare, gasförmige Fluorchlorkohlenwasserstoffe (FCKW) setzte man früher als Kältemittel in Kühlschränken und als Treibgas für Spraydosen ein. Diese Stoffe schädigen jedoch die schützende Ozonschicht; daher ist ihr Einsatzgebiet mittlerweile stark begrenzt. Fluorkohlenwasserstoffe (FKW) sind jedoch für die Ozonschicht unkritisch. Alle diese Verbindungen absorbieren aber Infrarotlicht und wirken daher als Treibhausgase.

Polytetrafluorethen (PTFE) setzt man seit langem unter dem Handelsnamen Teflon® zum Beschichten von Bratpfannen ein, um nur eines von vielen Beispielen zu nennen. Perfluorierte Tenside sind chemisch und thermisch sehr stabil, werden vielfach vor allem bei der Beschichtung von Oberflächen eingesetzt, sind aber auch kaum biologisch abbaubar.

Mit den anderen Halogenen bildet Fluor eine Reihe von Interhalogenverbindungen. Wichtig sind Chlor- und Bromtrifluorid, die als starke Fluorierungsmittel eingesetzt werden. Sie werden in den Kapiteln Chlor und Brom näher beschrieben.

Mit den Edelgasen Argon, Krypton und vor allem Xenon reagiert Fluor und bildet Verbindungen wie Xenon-II-fluorid. Kryptondifluorid, die einzige bekannte Kryptonverbindung, ist neben den Xenaten das stärkste bekannte Oxidationsmittel.

Anwendungen Der größte Teil des hergestellten elementaren Fluors geht in die Herstellung von Uranhexafluorid. In Gaszentrifugen oder -diffusionsanlagen trennt man dabei das leichter flüchtige $^{235}UF_6$ von $^{238}UF_6$. Ebenfalls nur mittels elementaren Fluors kann man Schwefelhexafluorid (SF_6) herstellen, das z. B. als gasförmiger Isolator in Hochspannungsschaltern dient.

Ein weiteres wichtiges Einsatzgebiet gasförmigen Fluors ist die Oberflächenfluorierung von Kunststoffen, beispielsweise bei Kraftstofftanks in Automobilen. Die auf der Kunststoffoberfläche erzeugte fluorierte Schicht verringert die Durchlässigkeit für Benzin.

Durch eine Fluorierung erhöht man die Oberflächenenergie vieler Kunststoffe, weshalb man Polyolefine –mit diesem allerdings relativ teuren Prozess – entsprechend vorbehandelt, dass diese lackiert oder verklebt werden können. Auch in Hohlräumen befindliche Oberflächen werden durch Fluorgas erreicht (Tressaud et al. 2007). Das durch Reaktion von Fluor mit Graphit entstehende Graphitfluorid benutzt man als Trockenschmiermittel und Elektrodenmaterial.

Toxikologie und biologische Bedeutung Der menschliche Körper enthält ca. 5 g Fluoride, gerechnet auf Grundlage eines Körpergewichtes von 70 kg (Kaim und Schwederski 2005). Der größte Teil davon befindet sich in den Knochen und Zähnen.

Fluorid verringert das Risiko von Zahnkaries, da es anstelle von Hydroxidionen in den Hydroxylapatit der Zähne eingebaut wird. Fluorapatit ist durch seine geringere Wasserlöslichkeit gegenüber dem Speichel beständiger. Zudem wird der zuvor durch Säure aufgelöste Apatit wieder ausgefällt und in den Zahn eingebaut, wodurch sich die Zahnsubstanz stets erneuert. Fluorid hemmt zudem die Wirkung bestimmter Enzyme und unterbricht den Stoffwechsel kariesverursachender Bakterien (Stösser und Heinrich-Weltzien 2007). Daher wurde dem Trinkwasser in der Schweiz zur Kariesprophylaxe bis 2003 Fluorid zugesetzt (Gesundheitsdepartement Basel-Stadt 2003); in Deutschland bleibt die Fluoridierung des Trinkwassers verboten. Erwachsene vertragen die Aufnahme von bis zu 10 mg Fluorid pro Tag (Ekmekcioglu und Marktl 2006). Fluorid wirkt in höheren Dosen als den beschriebenen toxisch.

Toxizität Fluor und die meisten seiner Verbindungen sind für Menschen und viele andere Organismen sehr giftig. Es wirkt auf Lunge, Haut und vor allem auf die Augen stark ätzend. Bei Kontakt mit Körperflüssigkeit (Wasser) entsteht der ebenfalls giftige Fluorwasserstoff. Wird Fluorwasserstoff (Flusssäure) über den Magen aufgenommen, so führt die dann einsetzende akute Vergiftung zu Schleimhautverätzungen, blutigem Erbrechen und Durchfall, unstillbarem Durst und heftigen Leibschmerzen, manchmal auch zum Tod. Einatmen kann am Ende ebenfalls zu tödlichen Lungenödemen führen. Gelangt Flusssäure auf die Haut, bilden sich zunächst schmerzhafte Entzündungen, in der Folge dann tief reichende, schlecht heilende Geschwüre (Forth et al. 2001)

Fluorwasserstoff verändert die Tertiärstruktur von Proteinen (Edwards et al. 1984). Bereits mit Spuren vorhandener Al^{3+}-Ionen bildet Fluorid Fluoridoaluminate, die Orthophosphationen strukturell ähnlich sind und so bestimmte Proteine in ihrer Wirkung beeinflussen (Lubkowska et al. 2002), was schließlich zu einer Hemmung von Enzymen führen kann, z. B. bei Enolase.

Fluoressigsäure und ihre Derivate werden nach Aufnahme in den Körper in Fluorocitrat umgewandelt, das das Enzym Aconitase hemmt. Dadurch steigt die Konzentration von Citrat im Blut an, was wiederum zum Absterben von Körperzellen führt (Proudfoot et al. 2006). Nur perfluorierte Alkane, die als Blutersatzstoffe getestet werden, und die handelsüblichen Fluorkohlenwasserstoffe wie PTFE (Teflon), PVDF oder PFA gelten als ungiftig.

Auch der Staub von Calciumfluorid erwies sich gegenüber Tieren und Menschen als toxisch (Schmidt 1954; King et al. 1958; Hilfenhaus et al. 1969; Leyton 1975; Rennie 2008). Ständige Aufnahme von Dosen von >20 mg Fluorid pro Tag resultiert in einer chronischen Fluorvergiftung (Fluorose), die zunächst Symptome wie Husten, Atemnot oder eine Dentalfluorose mit Veränderung von Struktur und Farbe des Zahnschmelzes zeigt, die am Ende auch in einer Fluorosteopathie enden kann. Bei letztgenannter wird das Kallusgewebe vermehrt, wodurch zuerst ein Elastizitätsverlust mit erhöhtem Risiko der Brüchigkeit auftreten kann, später auch eine völlige Versteifung von Gelenken oder der Wirbelsäule. Trotzdem setzt man Fluorid zur Behandlung der Osteoporose ein, um die Struktur der Knochen zu stabilisieren (Forth et al. 2001).

Durch die Arbeit mit Fluorid hervorgerufene Gesundheitsschäden wie Skelettfluorose, Lungenschäden, Reizung des Magen-Darm-Trakts oder Verätzungen sind anerkannte Berufskrankheiten und unter Bk-Nr. 13 08 erfasst (Valentin et al. 1985).

Chlor

Symbol	Cl		
Ordnungszahl	17		
CAS-Nr.	7782-50-5		
Aussehen	Gelbgrünes Gas, gelbe Flüssigkeit (< -35°C)	Chlor, flüssig unter 7,4 bar Druck (Alchemist-hp)	Chlor, gasförmig (Oelen 2008)
Entdecker, Jahr	Scheele (Schweden), 1774 Davy (England), 1811		
Wichtige Isotope [natürliches Vorkommen (%)]	Halbwertszeit (a)	Zerfallsart, -produkt	
$^{35}_{17}Cl$ (75,77)	Stabil	–	
$^{37}_{17}Cl$ (24,23)	Stabil	–	
Massenanteil in der Erdhülle (ppm)		1900	
Atommasse (u)		35,45	
Elektronegativität (Pauling ♦ Allred&Rochow ♦ Mulliken)		3,16 ♦ K. A. ♦ K. A.	
Normalpotential für: $Cl_2 + 2\,e^- > 2\,Cl^-$ (V)		+1,36	
Atomradius (pm)		100	
Van der Waals-Radius (berechnet, pm)		175	
Kovalenter Radius (pm)		102	
Elektronenkonfiguration		[Ne] $3s^2\,3p^5$	
Ionisierungsenergie (kJ/mol), erste ♦ zweite ♦ dritte		1251 ♦ 2298 ♦ 3822	
Magnetische Volumensuszeptibilität		$2,3 \times 10^{-8}$	
Magnetismus		Diamagnetisch	
Kristallsystem		Orthorhombisch	
Schallgeschwindigkeit (m/s, bei 273,15 K)		206	
Dichte (kg/m^3, bei 273,15 K)		3,215	

Molares Volumen (m^3/mol, im festen Zustand)	$17{,}39 \cdot 10^{-6}$ (fest)
Wärmeleitfähigkeit ([W/(m × K)])	0,0089
Spezifische Wärme ([J/(mol × K)])	33,95
Schmelzpunkt (°C ♦ K)	−101,5 ♦ 171,65
Schmelzwärme (kJ/mol)	3,2
Siedepunkt (°C ♦ K)	−34,6 ♦ 238,55
Verdampfungswärme (kJ/mol)	20,4
Tripelpunkt (°C ■ kPa)	−100,98 ■ 1,387
Kritischer Punkt (°C ■ MPa)	143,75 ■ 7,991

Vorkommen Wegen seiner großen Reaktionsfähigkeit tritt Chlor nur in sehr geringen Mengen elementar auf, beispielsweise in der Ozonschicht oder in vulkanischen Gasen. In ersterer wird es durch Einwirkung von UV-Strahlung aus Fluorchlorkohlenwasserstoffen abgespalten; die bei diesem Abbau entstehenden freien Chlorradikale sind hauptsächlich verantwortlich für den Abbau der schützenden Ozonschicht (Römpp Online 2012). Chlorid dagegen kommt in diversen Salzen vor, sein Anteil an der kontinentalen Erdkruste liegt bei 145 ppm (Lide 2005).

Im Meerwasser der Ozeane ist die Konzentration an Chlorid noch wesentlich höher. Mit einem Gehalt von 19,4 g/L ist Chlorid das mit Abstand häufigste Halogen (1,4 mg/L F^-, 68 mg/L Br^-, 0,06 mg/L J^-) (Lide 2005). Das verbreitetste Chlorid in Meerwasser ist Natriumchlorid, unser Speisesalz. Die höchsten Gehalte an Chlorid haben abflusslose Seen wie der Aralsee, das Tote Meer oder das Kaspische Meer in einigen seiner Regionen.

Wichtige chloridhaltige Minerale sind Halit (Steinsalz, Natriumchlorid), Sylvin (Kaliumchlorid), Carnallit ($KMgCl_3 \times 6\ H_2O$), Kainit [$KMgCl(SO_4) \times 3\ H_2O$] und Bischofit ($MgCl_2 \times 6\ H_2O$). Manche der größeren Lagerstätten entstanden durch Trockenlegung früher vorhandener Meere. Zunächst kristallisieren die schwächer löslichen Natriumsalze aus, darüber dann die leichter wasserlöslichen des Kaliums. In Deutschland befinden sich große Salzlagerstätten z. B. in Bad Reichenhall, Stassfurt und Bad Friedrichshall, in Österreich in der Gegend von Hallein.

Natürlich vorkommende chlororganische Verbindungen werden oft von Meeresorganismen (Seetang, Schwämme, Korallen) produziert (Gribble 2003), kaum dagegen von terrestrischen Lebewesen. Chlorradikale wiederum entstehen durch Zersetzung organischer, vom Menschen produzierter Fluorchlorkohlenwasserstoffe (FCKW) und beschleunigen den Abbau von Ozon in der Stratosphäre (Dameris et al. 2007).

Gewinnung Chlor ist mit einer jährlichen Produktionsmenge von ca. 60 Mio. t eine sehr bedeutende Grundchemikalie. Technisch stellt man es meist elektrolytisch her; als Nebenprodukt fällt es bei der zur Gewinnung von Natrium bzw. Magnesium eingesetzten Schmelzflusselektrolyse an.

Eine wässrige Natriumchloridlösung ist stets Ausgangsstoff für die verschiedenen Verfahren der Chloralkali-Elektrolyse, die sich nur im Aufbau der Elektrolysezelle unterscheiden. Produziert werden entsprechend folgender Brutto-Reaktionsgleichung dabei Natronlauge, Chlor und Wasserstoff:

$$2\,NaCl + 2\,H_2O \rightarrow 2\,NaOH + Cl_2\uparrow + H_2\uparrow$$

Die Anode, an der Chlor entsteht, muss von der Kathode, an der Wasserstoff und Hydroxidionen gebildet werden, streng getrennt sein. Andernfalls entstünde ein explosives Gasgemisch, Chlorknallgas, und zudem würde Chlor mit Hydroxidionen zu Hypochlorit reagieren.

Knapp die Hälfte des Chlors produziert man mittels des Diaphragmaverfahrens (Schmittinger et al. 2006), bei dem Anoden- und Kathodenraum voneinander durch ein aus Asbest bestehendes Diaphragma aus Asbest getrennt werden. Durch dieses können nur Natriumionen, nicht aber Chlorid- und Hydroxidionen diffundieren. Nachteilig ist, dass die Natronlauge verunreinigt und auch nur in geringer Konzentration anfällt; daneben enthält das erzeugte Chlor Sauerstoff.

Das moderne Membranverfahren vermeidet diese Nachteile, benötigt eine gesundheitlich gegenüber Asbest unbedenkliche Kunststoffmembran und verdrängt daher das Diaphragmaverfahren langsam (Schmittinger et al. 2006). Die Membran trennt beide Elektrodenräume effektiver voneinander, wodurch die produzierte Natronlauge reiner und auch höher konzentriert anfällt. Nachteilig sind aber immer noch die Verunreinigung des Chlors durch Sauerstoff und die relativ hohen Betriebskosten.

Obwohl es durch die vollständige Trennung von Anoden- und Kathodenraum die reinsten Produkte liefert, wird das Amalgamverfahren nur noch selten eingesetzt (Schmittinger et al. 2006). Dabei wird an einer aus Quecksilber bestehenden Kathode nicht Wasserstoff, sondern zuerst Natrium abgeschieden, das mit Quecksilber sofort in Natriumamalgam übergeht. Das Amalgam setzt man in einer separaten Zelle kontrolliert an Graphitkontakten mit Wasser um, wobei reine Natronlauge, Wasserstoff und Quecksilber gebildet werden. Quecksilber ist aber sehr toxisch und gefährlich für die Umwelt, weswegen immer aufwändigere und teurere Schutzmaßnahmen realisiert werden müssen, die das Verfahren am Ende unwirtschaftlich machen.

Eigenschaften Chlor ist bei Raumtemperatur ein gelbgrünes Gas einer Dichte von 3,214 g/L. Es kondensiert bei −34,6 °C zu einer gelben Flüssigkeit, die bei

−101 °C erstarrt (Holleman et al. 2007). Chlor ist schon durch Anwendung eines Drucks von 6,7 bar bei Raumtemperatur zu verflüssigen und ist in Stahlflaschen oder Kesselwagen transportierbar (Holleman et al. 2007). Mit fallender Temperatur hellt sich Chlor immer mehr auf, bei −195 °C ist es nahezu farblos (Klapötke und Tornieporth-Oetting 1994).

Chlor liegt, wie die anderen Halogene auch, als zweiatomiges Molekül vor, in dem die beiden Chloratome 199 pm voneinander entfernt sind. Von allen Halogenen hat Chlor, nicht Fluor, die mit 242 kJ/mol höchste Dissoziationsenthalpie (Atkins und Paula 2006; Greenwood und Earnshaw 1988). Im Fluormolekül liegt eine besonders kurze Bindung der Fluoratome vor, die zur Abstoßung der freien Elektronenpaare und damit zur Schwächung der Bindung führt. Im Chlormolekül dagegen kommt es nicht zu einem derartigen Effekt, da die Choratome weiter voneinander entfernt sind.

Chlor kristallisiert orthorhombisch (Collin 1956), die Chlormoleküle sind dabei in Schichten angeordnet. Dies ist ebenso bei festem Iod und Brom zu beobachten. Jedes Atom eines Chlormoleküls ist im festen Gitter schwach mit jeweils zwei weiteren Atomen an andere Moleküle assoziiert. Zwischen den Schichten sind die Abstände etwas größer (Collin 1952). Dadurch sind Chlorkristalle plättchenförmig strukturiert und leicht spaltbar (Müller 2008).

In Wasser löst sich Chlor unter teilweiser Dissoziation etwas (2,3 L Chlor pro Liter Wasser (Römpp Online 2012)) zum sogenannten Chlorwasser. In flüssigen chlorhaltigen Verbindungen wie Dischwefeldichlorid (S_2Cl_2), Siliciumtetrachlorid ($SiCl_4$) und Chloroform ist es hingegen relativ leicht löslich, wie auch in Lösungsmitteln wie Benzol, Essigsäure und Dimethylformamid (Schmittinger et al. 2006).

Chlor ist sehr reaktionsfähig und reagiert mit fast allen Elementen, ausgenommen nur Stickstoff, Sauerstoff und die Edelgase. Einige Metalle, von unedlen wie Mangan und Zink bis hin zu den Platinmetallen, reagieren mit trockenem Chlor erst bei höheren Temperaturen. Ein steigender Feuchtigkeitsgehalt des Chlors erhöht dessen Reaktivität gegenüber Metallen erheblich.

Sehr heftig reagiert Chlor mit Wasserstoff (Chlorknallgasreaktion), teils lebhaft mit anderen wasserstoffhaltigen Verbindungen wie Ammoniak, Ethin, Schwefelwasserstoff oder Wasser.

Mit Alkanen verläuft die Reaktion des Chlors über den Mechanismus der radikalischen Substitution. Durch Einwirkung von Hitze oder Bestrahlung katalysiert, bilden sich zuerst einzelne Chlorradikale, die die C-H-Bindungen des Alkans aufbrechen können, wobei Alkylradikale und Chlorwasserstoff entstehen. Dieses Alkylradikal reagiert mit anderen Chlormolekülen im Sinne einer Kettenreaktion. Chlor ist wegen seiner hohen Reaktivität nur wenig regioselektiv, es kann auch zu mehrfacher Chlorierung eines Kohlenstoffatoms kommen (Brückner 2004). Eine derartige Chlorierung ist jedoch nur bei Alkanen, nicht aber bei Aromaten möglich; bei letzterem gelingt die Einführung eines Chloratoms nur per elektrophiler Substitution, die durch eine Lewissäure wie Aluminiumchlorid katalysiert wird (Brückner 2004).

Verbindungen Chlor tritt in seinen Verbindungen in den Oxidationszahlen von − 1 bis + 7 auf, meist jedoch als Chlorid mit der Oxidationszahl − 1, nur in Fluor- und Sauerstoffverbindungen kommt es in positiven Oxidationszahlen vor.

Chloride leiten sich von Chlorwasserstoff (HCl) ab, dessen wässrige Lösung die starke Mineralsäure Salzsäure ist. Meist sind Chloride gut wasserlöslich, Ausnahmen sind die Chloride des Silbers (AgCl), Quecksilbers (Hg_2Cl_2) und Bleis ($PbCl_2$). Natriumchlorid (Speisesalz) kommt natürlich in riesigen Mengen im Meerwasser vor. Kaliumchlorid findet man z. B. in den Stassfurter Salzen; es ist oft Grundstoff für Dünger.

Chloroxide sind äußerst reaktiv und zerfallen meist heftig in die Elemente. Technisch wichtig sind nur Dichloroxid (Cl_2O) und Chlordioxid (ClO_2). Chlordioxid dient in großer Menge als Bleichmittel in der Textil- und Zellstoffindustrie, wo es das aggressivere Chlor weitgehend ersetzt hat. Weiterhin wurde es früher zum Bleichen von Mehl, Stärke und Schmierstoffen eingesetzt. Man verwendet es zum Desinfizieren von Trinkwasser, Abwässern und zur Beseitigung von Schimmel. In der chemischen Synthese setzt man es in einigen Fällen ein, beispielsweise um Sulfoxide herzustellen.

Dichlorheptoxid (Cl_2O_7) ist das Anhydrid der Perchlorsäure und ist durch deren Dehydratisierung mittels Phosphorpentoxid bei Temperaturen unterhalb von 0 °C zugänglich; es muss danach zwecks Reinigung noch im Hochvakuum destilliert werden. Es ist ein farbloses, flüchtiges Öl, das bei −92 °C erstarrt und einen unter Normaldruck extrapolierten Siedepunkt von 82 °C besitzt. Es ist stabiler als andere Chloroxide, kann aber ebenfalls leicht, z. B. schon durch einen Schlag, zur Explosion gebracht werden.

Chlor bildet mit Sauerstoff, wie auch Brom und Iod, mehrere Sauerstoffsäuren (hypochlorige Säure (HClO), Chlorige Säure ($HClO_2$), Chlorsäure ($HClO_3$) und Perchlorsäure ($HClO_4$). Die Stärke der Säuren nimmt mit der Zahl der Sauerstoffatome im Molekül zu, jedoch sind die erstgenannten drei nur in wässriger Lösung oder in Form ihrer Salze beständig. Während Hypochlorige Säure nur schwach sauer reagiert, gehört Perchlorsäure zu den stärksten existierenden Säuren (pKS: − 10). Sie wirkt in wasserfreiem Zustand stark oxidierend, raucht an der Luft und verursacht auf der Haut oder auf Schleimhäuten schwere Verätzungen. Beim Erwärmen, vor allem konzentrierterer Säure mit >50 % Massenanteil, besteht Explosionsgefahr, ebenso beim Einengen oder Konzentrieren mit Trocknungsmitteln. Wasserfreie Perchlorsäure kann sich bereits bei Raumtemperatur spontan zersetzen.

Chlor bildet meist mit Fluor, weniger mit Brom und Iod Interhalogenverbindungen. Chlorfluoride (ClF, ClF_3) sind starke Oxidationsmittel; in ihnen ist Chlor das elektropositive Element. In den wenigen Verbindungen, die es mit Brom und Iod bildet (BrCl, JCl, JCl_3), ist es hingegen der elektronegativere Bestandteil. Chlortrifluorid (ClF_3) ist bei Raumtemperatur ein farbloses bis hellgelbes, süßlich bis stechend riechendes Gas, das bei ca. 12 °C kondensiert und bei −76,3 °C erstarrt. Es ist ein starkes Fluorierungsmittel, es greift viele Metalle unter Fluoridbildung an. Kupfer ist eines der wenigen Metalle, das auf seiner Oberfläche eine schützende Fluoridschicht bildet, daher kann ClF_3 in Gefäßen aus Kupfer hergestellt und gehandhabt werden. Mit Wasser reagiert Chlortrifluorid sehr heftig unter Freisetzung von Sauerstoff. Nichtmetalle setzen sich mit ClF_3 unter Feuererscheinung um. Glas wird schnell und stark angegriffen, ebenso die in Gasmaskenfiltern eingesetzte Aktivkohle. Aufgrund der leichteren Handhabung im Vergleich mit Fluor wird es als Fluorierungsmittel bei der Herstellung von Uranhexafluorid-Herstellung verwendet (Rudhard und Leinenbach 2008).

Die meisten organischen Chlorverbindungen sind synthetischen Ursprungs. Chloralkane und -alkene sowie chlorierte Aromaten setzt man oft als Lösungs- oder Kältemittel, als Hydrauliköle oder in Pflanzenschutzmitteln ein.

Polychlorierte Dibenzodioxine und -furane – wie das 2,3,7,8-Tetrachlordibenzodioxin (siehe Abb., „Seveso-Gift") – sind sehr giftig, zudem persistent und akkumulieren in vielen Organismen, so auch im Menschen.

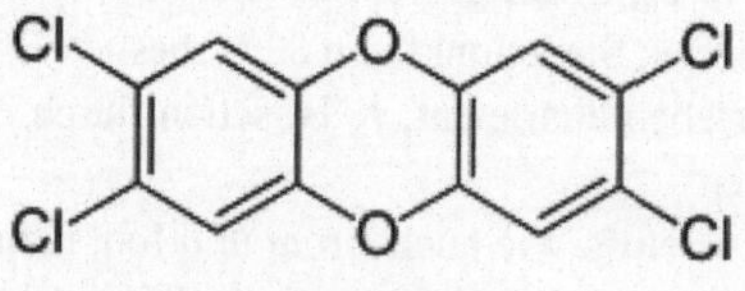

In der Natur kommen organische Chlorverbindungen in Bodenbakterien, Schimmelpilzen, Seetang und Flechten vor. Methylchlorid entstammt zu mehr als zwei Dritteln seiner Gesamtmenge Meeresorganismen (!), Verbindungen wie L-2-Amino-4-chlor-4-pentensäure kommen in einigen Pilzen vor. Verglichen mit der Menge organischer Chlorverbindungen, die vom Menschen in die Umwelt entlassen werden, ist die auf natürlichem Wege produzierte nicht gering (Naumann 1993).

Anwendungen Etwa ein Drittel der industriell hergestellten Chlormenge ging vor etwa 15 Jahren noch in die Produktion von Vinylchlorid, aus dem Polyvinylchlorid (PVC) hergestellt wird (Schmittinger et al. 2006). Ein weiterer großer Anteil entfiel in die Produktion von Pharmazeutika; die heutigen Zahlen dürften kaum davon abweichen (Schmittinger et al. 2006). Auch Grundchemikalien wie Glycerin (über Allylchlorid und Epichlorhydrin (Römpp Online 2014)) oder Propylenoxid zählen hierzu (Römpp Online 2014).

Elementares Chlor verwendet man zur Synthese hydrolyseempfindlicher Chloride, die daher nicht aus wässrigen Medien erhältlich sind. Dies sind z. B. Titan-IV-chlorid (TiCl4), Silicium-IV-chlorid ($SiCl_4$), Aluminiumchlorid ($AlCl_3$), Tantal-V-chlorid ($TaCl_5$) usw.

Die durch Einleiten von Chlor in Wasser gebildete hypochlorige Säure (HClO) ist ein starkes Desinfektions- und Bleichmittel, das in Toiletten-, Grill- und Küchenreinigern sowie zum Bleichen von Baumwolle, Papier und Zellstoff eingesetzt wird. In letztgenannten Anwendungen wurde Chlor jedoch meist durch Wasserstoffperoxid (oxidative Bleiche) oder Natriumdithionit (reduktive Bleiche) ersetzt (Süss 2006), um die Gefahr der Bildung chlororganischer Verbindungen zu verringern. Aus demselben Grund ist wird Chlor auch bei der Desinfektion von Trinkwasser zunehmend durch Ozon oder Chlordioxid substituiert (Römpp Online 2014).

Trotz der Gefährdungspotenzials von Chlor und vieler seiner organischen Verbindungen überwiegen auf der Kosten- und technischen Seite immer noch Vorteile gegenüber Ersatzprodukten, weshalb Chlor weiterhin industriell in großen Mengen eingesetzt wird (Buttgereit 1994).

Toxikologie und biologische Bedeutung Eingeatmet, verätzt Chlor die Atemwege, da es mit Feuchtigkeit zu Salzsäure und Hypochloriger Säure reagiert. Die Folgen können von Atemnot bis Bluthusten und Lungenödemen reichen. Eine Konzentration von 0,5 bis 1 % Chlor in der Atemluft wirkt tödlich; es tritt Atemstillstand ein (Römpp Online 2012). Chlor wirkt ebenfalls stark toxisch auf kleine Säuretiere (LC_{50} für Ratten 293 ppm, für Mäuse 137 ppm; Einwirkzeit je 1 h (Römpp Online 2012)).

Wegen seiner hohen Reaktivität besteht beim Kontakt von Chlor mit z. B. Wasserstoff, Ammoniak und vielen organischen Verbindungen Explosionsgefahr.

Chlorid ist für die Versorgung des Menschen mit Mineralien essentiell. Ein Mensch von ca. 75 kg Gewicht enthält ca. 100 g Chlorid (Kaim und Schwederski 2005). Aufgenommen wird es meist als Natriumchlorid. Die empfohlene tägliche Menge für die Aufnahme von Chlorid liegt bei 3,2 g für Erwachsene und 0,5 g für Säuglinge (Kaim und Schwederski 2005).

Brom

Symbol	Br	
Ordnungszahl	35	
CAS-Nr.	7726-95-6	
Aussehen	Rotbraune Flüssigkeit	Brom, flüssig und gasförmig (Handorf 2006)
Entdecker, Jahr	Von Liebig (Deutschland), 1824	
Wichtige Isotope [natürliches Vorkommen (%)]	Halbwertszeit (a)	Zerfallsart, -produkt
$^{79}_{35}$Br (50,69)	Stabil	–
$^{81}_{35}$Br (49,31)	Stabil	–
Massenanteil in der Erdhülle (ppm)		6
Atommasse (u)		
Elektronegativität (Pauling ♦ Allred&Rochow ♦ Mulliken)		2,96 ♦ K. A. ♦ K. A.
Normalpotential für: $Br_2 + 2\,e^- > 2\,Br^-$ (V)		+1,066
Atomradius (pm)		115
Van der Waals-Radius (berechnet, pm)		185
Kovalenter Radius (pm)		120
Elektronenkonfiguration		[Ar] $3d^{10}\,4s^2\,4p^5$
Ionisierungsenergie (kJ/mol), erste ♦ zweite ♦ dritte		1140 ♦ 2103 ♦ 3470
Magnetische Volumensuszeptibilität		$2{,}8 \times 10^{-5}$
Magnetismus		Diamagnetisch
Kristallsystem		Orthorhombisch
Schallgeschwindigkeit (m/s, bei 331,65 K)		149
Dichte (g/cm^3, bei 300 K)		3,12
Molares Volumen (m^3/mol, im festen Zustand)		$19{,}78 \cdot 10^{-6}$ (fest)
Wärmeleitfähigkeit ([W/(m × K)])		0,12
Spezifische Wärme ([J/(mol × K)])		75,69
Schmelzpunkt (°C ♦ K)		−7,3 ♦ 265,85
Schmelzwärme (kJ/mol)		5,8
Siedepunkt (°C ♦ K)		58,5 ♦ 331,7
Verdampfungswärme (kJ/mol)		30
Tripelpunkt (°C ■ kPa)		−7,25 ■ 5,8
Kritischer Punkt (°C ■ MPa)		314,84 ■ 10,34

Vorkommen Brom tritt in der Natur meist in Form Bromiden vor, deren von der Menge her größten Vorkommen im Meerwasser, aber auch in abflusslosen Seen wie dem Toten Meer liegen, die Israel und Jordanien zu den wichtigsten Produzenten von Brom weltweit zählen lassen. Ebenso findet sich Kaliumbromid und -bromat in natürlichen Salzlagerstätten. Dem in der Atmosphäre in geringen Spuren im Konzentrationsbereich von <1 ppb vorkommenden Bromoxid wird eine maßgebliche Rolle beim radikalisch verlaufenden Abbau der Ozonschicht über den Polgebieten zugeschrieben.

Für Tiere ist Brom in sehr geringen Mengen lebensnotwendig (essenziell). Die Gegenwart von Bromid ist für den Aufbau des Kollagens im Bindegewebe erforderlich (McCall und Scott 2014).

Gewinnung Industriell gewinnt man Brom durch Oxidation von Bromidlösungen mit Chlor:

$$2\ KBr + Cl_2 \rightarrow Br_2 + 2\ KCl$$

Hauptsächlich nutzt man Sole, stark salzhaltige Tiefenwässer, Salzseen, gelegentlich auch Meerwasser (Jasinski 2006), wogegen sich die früher praktizierte Gewinnung aus den Restlaugen der Kaligewinnung nicht mehr lohnt. Die jährliche Produktionsmenge beträgt ca. 500.000 t, neben Israel und Jordanien kommt die größte Menge des Broms und seiner Verbindungen aus den USA und China (United States Geological Survey 2011). Das Brom wird aus den wässrigen Lösungen ausgetrieben und destillativ abgetrennt.

Eigenschaften Die Dichte des flüssigen chlorähnlich riechenden, ebenfalls sehr toxischen Broms beträgt bei Raumtemperatur 3,12 g/cm^3. Unterhalb von $-7{,}3\,°C$ erstarrt Brom zu dunklen Kristallen, die bei noch tieferen Temperaturen eine zunehmend hellere Farbe zeigen. Es ist in Wasser etwas, in einigen organischen Lösungsmitteln wie Alkoholen, Kohlenstoffdisulfid oder Tetrachlorkohlenstoff dagegen sehr gut löslich. In Wasser gelöstes Brom reagiert langsam unter zwischenzeitlicher Bildung von Hypobromiger Säure (HBrO) und anschließender Abgabe von Sauerstoff zu Bromwasserstoff (HBr). Sonnenlicht beschleunigt die photolytische Zersetzung von HBrO stark; deshalb bewahrt man Bromwasser in braunen, wenig lichtdurchlässigen Flaschen auf.

Brom ist sehr reaktionsfähig, jedoch etwas weniger als Chlor. Gegenwart von Feuchtigkeit erhöht die Reaktivität des Broms deutlich. Mit Wasserstoff reagiert es bei erhöhter Temperatur zu Bromwasserstoff. Mit fast Metallen reagiert es, meist heftig, unter Bildung der jeweiligen Bromide (Holleman et al. 2007).

Verbindungen In seinen Verbindungen tritt Brom mit den Oxidationszahlen –1 bis +7 auf. Die beständigste und am häufigsten vorkommende Oxidationsstufe ist die des Bromids (–1), positive Oxidationszahlen besitzt Brom nur in Verbindungen mit Sauerstoff, Fluor oder Chlor.

Bromide stammen von Bromwasserstoff (HBr) ab, der, in Wasser gelöst, eine starke Säure ist, vergleichbar der Salzsäure (HCl). Meist sind Bromide leicht löslich in Wasser, Ausnahmen sind Silberbromid, Quecksilber-I-bromid und Blei-II-bromid. Natrium- und Kaliumbromid sind die bekanntesten Bromide.

Von Brom und Sauerstoff kennt man einige Verbindungen, von denen Dibromtrioxid (Br_2O_3) und Dibrompentoxid (Br_2O_5) als Feststoffe isolierbar sind. Daneben bildet Brom mehrere Sauerstoffsäuren, die Hypobromige Säure (HBrO), die Bromige Säure ($HBrO_2$), die Bromsäure ($HBrO_3$) und die Perbromsäure ($HBrO_4$), die nur in wässriger Lösung oder in Form ihrer Salze bekannt und stabil sind.

Brom bildet eine Reihe von Interhalogenverbindungen, meist mit Fluor, aber auch mit Chlor und Iod. Bromfluorid (BrF) ist eine instabile, rotbraune Flüssigkeit mit einem Siedepunkt von 20 °C, die durch Sättigen von Brom mit Fluor bei einer Temperatur von 10 °C darstellbar ist. Bromtrifluorid (BrF_3) ist eine farblose, sehr reaktionsfähige, an der Luft rauchende Flüssigkeit mit Schmelzpunkt 9 °C und Siedepunkt 126 °C, die als Fluorierungsmittel verwendet wird und stark ätzend ist. Bromchlorid (BrCl) ist ein bei Raumtemperatur zersetzliches, rotbraunes Gas, das bei –5 °C zu einer ockergelben Flüssigkeit kondensiert, die wiederum bei –54 °C erstarrt. Die Verbindung lässt sich durch UV-Bestrahlung eines in Fluorchlorkohlenwasserstoff gelösten Chlor-Brom-Gemisches herstellen. Iodbromid (JBr) ist durch direkte Umsetzung der Elemente unter Schutzgas zugänglich und bildet bei Raumtemperatur dunkelgraue Kristalle. Diese schmelzen bei 40 °C; die Flüssigkeit siedet bei 116 °C unter Zersetzung. Iodbromid dient als Bromierungsreagenz und wird zur Bestimmung der Iodzahl verwendet. Es löst sich unter anderem in Wasser, Ethanol und Diethylether.

Bromalkane, Bromalkene und bromierte aromatische Kohlenwasserstoffe verwendet man unter anderem als Lösungsmittel, Kältemittel, Hydrauliköle, Pflanzenschutzmittel, Flammschutzmittel oder Arzneistoffe.

Anwendungen Für Brom und seine Verbindungen gibt es eine Vielzahl von Einsatzgebieten. Elementares Brom, gelöst in Methanol, dient zum chemischen Polieren von Galliumarsenid sowie als Desinfektionsmittel, das milder als Chlor ist. Bromwasser ist ein guter Indikator für das Vorliegen ungesättigter Kohlenwasserstoffe, durch die es entfärbt wird, dies aufgrund der Reaktion der C=C-Bindungen mit Brom.

Bromide verwendet man als Narkose-, Beruhigungs- und Schlafmittel, früher auch zur Behandlung der Epilepsie (Bangen 1992). Methylbromid ist ein Schädlingsbekämpfungsmittel, Monobromaceton setzt man als Tränengas ein.

Polybromierte Aromaten bzw. Diphenylether wirken als Flammschutzmittel in Verbundwerkstoffen für Leiterplatten (Birnbaum und Staskal 2004). Bromierter Kautschuk wird zur Herstellung „luftdichter" Reifen eingesetzt.

In der Fotografie ist Silberbromid Bestandteil der lichtempfindlichen Suspension.

Toxikologie und biologische Bedeutung Elementares Brom ist sehr giftig und wirkt stark ätzend. Kommt es mit Haut in Kontakt, so ruft es schwer heilende Verätzungen hervor. Wird Brom inhaliert, so leidet der Betroffene zuerst unter Atemnot; in schweren Fällen ist die Bildung eines Lungenödems möglich. Brom wird in Gefäßen aus Glas, Blei, Monel, Nickel oder Teflon aufbewahrt.

Iod

Symbol	I	
Ordnungszahl	53	
CAS-Nr.	7553-56-2	
Aussehen	Violette Kristalle	Iodkristalle, Reinheit 99,9 % (Dnn87 2014)
Entdecker, Jahr	Clément, Gay-Lussac (Frankreich), 1813	
Wichtige Isotope [natürliches Vorkommen (%)]	Halbwertszeit (a)	Zerfallsart, -produkt
$^{127}_{53}I$ (100,0)	Stabil	–
Massenanteil in der Erdhülle (ppm)		0,06
Atommasse (u)		126,90447
Elektronegativität (Pauling ♦ Allred&Rochow ♦ Mulliken)		2,66 ♦ K. A. ♦ K. A.
Normalpotential für: $J_2 + 2\,e^- > 2\,I^-$ (V)		+0,54
Atomradius (pm)		140
Van der Waals-Radius (berechnet, pm)		198
Kovalenter Radius (pm)		139
Elektronenkonfiguration		[Kr] $4d^{10}\,5s^2\,5p^5$
Ionisierungsenergie (kJ/mol), erste ♦ zweite ♦ dritte		1008 ♦ 1846 ♦ 3180
Magnetische Volumensuszeptibilität		$-4{,}3 \times 10^{-5}$
Magnetismus		Diamagnetisch

Kristallsystem	Orthorhombisch
Schallgeschwindigkeit (m/s, bei 273,15 K)	Keine Angabe
Dichte (g/cm^3, bei 273,15 K)	4,94
Molares Volumen (m^3/mol, im festen Zustand)	$25{,}72 \cdot 10^{-6}$ (fest)
Wärmeleitfähigkeit ([W/(m × K)])	0,449
Spezifische Wärme ([J/(mol × K)])	54,44
Schmelzpunkt (°C ♦ K)	113,7 ♦ 386,85
Schmelzwärme (kJ/mol)	7,76
Siedepunkt (°C ♦ K)	184 ♦ 457,15
Verdampfungswärme (kJ/mol)	41,6
Tripelpunkt (°C ■ kPa)	113,5 ■ 12,1
Kritischer Punkt (°C ■ MPa)	572 ■ 11,7

Vorkommen Iod ist, ohne Berücksichtigung des Astats und des Ununseptiums, das am seltenste in der Natur vorkommende Halogen. Es tritt fast ausschließlich nur chemisch gebunden auf. Natriumiodat ($NaIO_3$) kann in Konzentrationen von < 1 % im Chilesalpeter enthalten sein. Der Anteil des Iods in trockenem, wasserfreien Boden beträgt für Deutschland ca. 2,5 ppm. Vulkanische Gase können Spuren von Iodwasserstoff enthalten, außerdem einige Mineralwässer wie die englische Quelle in Woodhall Spa mit durch Iod braun gefärbtem Wasser. In Meerwasser kommt Iod in Form von Iodid und Iodat vor, mit einer durchschnittlichen Konzentration von 0,05 mg/L Iod (Truesdale et al. 2000).

In der Erdatmosphäre ist Iod spurenweise in Form seiner Oxide (I_xO_y) oder deren Radikale nachweisbar; lokal, beispielsweise über an der Küste schwimmenden Algen- und Tangfeldern auch in höherer Konzentration (< 10 ppt IO*) (Seitz et al. 2010). Meeresalgen enthalten Iod in sehr hoher Konzentration angereichert (bis 19 g(!)/kg), ebenso manche Tange und Schwämme (bis 14 g/kg).

Gewinnung In früherer Zeit sammelte man die an der Küste angeschwemmten Algen bzw. Tange ein und verbrannte diese. In der dabei erhaltenen Asche ist Iod – als Iodid bzw. Iodat – in einer Konzentration von ca. 0,1–0,5 % vorhanden. Dieses Verfahren ist aber veraltet, nur noch von regionaler Bedeutung und erzeugt nur noch 2 % der jährlichen Weltproduktion.

Wesentlich wichtiger ist die Gewinnung von Iod aus den Mutterlaugen der Produktion von Salpeter (Natriumnitrat), in denen es vor allem als Iodat vorliegt. In diese Mutterlaugen wird Schwefeldioxid eingeleitet, das Iodat zu Iodid reduziert:

$$HIO_3 + 3\ H_2O + 3\ SO_2 \rightarrow HI + 3\ H_2SO_4$$

Eleganterweise komproportioniert Iodwasserstoff mit der restlichen noch in der Lösung befindlichen Iodsäure zu Iod:

$$HJO_3 + 5\ HI \rightarrow 3\ H_2O + 3\ I_2$$

Ebenso relativ reich an Iod (bis zu 100 ppm in Form von Natriumiodid) sind Salzsolen, die bei der Produktion von Erdöl- und Erdgas anfallen. Einleiten von Chlor bewirkt die Freisetzung elementaren Iods:

$$2\ NaI + Cl_2 \rightarrow 2\ NaCl + I_2$$

Das Iod wird zwecks Reinigung aus der Lösung ausgeblasen, dann zunächst mit Hilfe von Schwefeldioxid zu Iodwasserstoff reduziert und jener danach durch Behandlung mit Chlor wieder zu Iod oxidiert.

Reaktion von Mangan-IV-oxid mit Kaliumiodid in schwefelsaurer Lösung liefert im Labormaßstab Iod guter Reinheit. Durch Chlorierung des iodhaltigen Extrakts von Algen ist Iod gleichfalls erhältlich.

Eigenschaften Iod ist bei Raumtemperatur ein grauschwarzer, in Form metallisch glänzender Schuppen kristallisierender Feststoff einer Dichte von 4,94 g/cm^3. Es geht oberhalb des Schmelzpunkts von 113,7 °C in eine braune, elektrisch leitende Flüssigkeit über, die bei 184,2 °C siedet, Der Dampf ist violett und besteht aus J_2-Molekülen. Schon bei Raumtemperatur zeigt es starke Neigung zur Sublimation.

In seinen Eigenschaften leitet Iod zu den Halbmetallen über und verhält sich teilweise wie ein Halbleiter. Iod kristallisiert in einem orthorhombischen Schichtgitter, dessen Ebenen I_2-Moleküle enthalten. Die Länge der Bindung zwischen den beiden Atomen eines Iodmoleküls liegt bei 272 pm und ist wesentlich kleiner als der Abstand zwischen zwei Gitterebenen (441 pm).

Iod reagiert nicht so stark mit anderen Elementen wie Chlor und Brom. Mit Wasserstoff setzt sich Iod zu Iodwasserstoff um, der aber längst nicht so beständig ist wie Chlorwasserstoff und beim Erwärmen schnell wieder in die Elemente zerfällt. Mit gasförmigem Ammoniak reagiert Iod heftig, da bei dieser Umsetzung eine drastische Zunahme des Gasvolumens eintritt:

$$3\ I_2 + 2\ NH_3 \rightarrow 6\ HI + N_2$$

Mit in Wasser gelöstem Ammoniak bildet Iod dagegen Triiodstickstoff (NJ_3), einen violettbraunen Feststoff, der meist schon bei leichter Berührung explodiert.

Iod bildet, im Gegensatz zu den Halogenen niedrigeren Molekulargewichts, Polyhalogenide. Dabei verbinden sich in wässriger Phase gelöste I_2-Moleküle jeweils mit einem Iodid-Anion zum einfach negativ geladenen I_3^--Anion, das sich in die Molekülkette der Stärke einlagern kann. Diese Einlagerungsverbindungen bewirken schon in geringer Konzentrationen eine intensive Blaufärbung, die zum quantitativen Nachweis des Iods genutzt wird.

Verbindungen Iod tritt in seinen Verbindungen mit den Oxidationszahlen −1 bis +7 auf, wobei die stabilste und häufigste −1 (Iodid) ist. Positive Oxidationszahlen des Iods finden sich nur in seinen Verbindungen mit Sauerstoff, Fluor, Chlor und Brom. Wie bei Brom und Chlor sind die ungeraden Oxidationsstufen +1, +3, +5 und +7 stabiler als die geraden.

Iod bildet einige Kationen. Das blaue Diiod-Kation I_2^+ ist beispielsweise durch Oxidation von Iod mit rauchender Schwefelsäure (100 %ige H_2SO_4 mit 65 % Zusatzanteil an SO_3) zugänglich, oder aber durch Umsetzung von Iod mit Antimon-V-fluorid in flüssigem Schwefeldioxid.

Iodide leiten sich von Iodwasserstoff (HI) ab, dessen wässrige Lösung als Iodwasserstoffsäure bezeichnet wird. Diese ist eine der stärksten Säuren (pKs −10), also noch stärker als Salzsäure. Von den meist gut wasserlöslichen Iodiden sind die des Natriums und Kaliums am bekanntesten. Schwer wasserlöslich sind nur die Iodide des Silbers (AgI), Bleis (PbI_2) und Quecksilbers (Hg_2I_2 und HgI_2).

Iodide sind kräftige Reduktionsmittel, dies zeigt die bei Luftzutritt einsetzende Braunfärbung wässriger Iodidlösungen. Silberiodid ist darüber hinaus auch lichtempfindlich; bei Lichteinfall oxidiert Ag^+ I- zu Iod und kleinsten Silberkristallen, die die Schwarzfärbung bei Photonegativen hervorrufen.

Iodoxide haben die allgemeinen Formeln $IO_x\left(x=1--4\right)undI_2O_x\left(x=1--7\right)$. Bisher wurden IO, IO_2, I_2O_4, I_4O_9, I_2O_5 und I_2O_6 nachgewiesen, wovon Diiodpentoxid (I_2O_5) am beständigsten ist und als selektives Oxidationsmittel eingesetzt wird (Holleman et al. 2007).

Abgeleitet von den Iodoxiden gibt es die Sauerstoffsäuren Hypoiodige Säure (HIO, Salze: Hypoiodite), Iodige Säure (HIO_2, Salze: Iodite), Jodsäure (HIO_3, Salze: Iodate) und die Periodsäure (H_5IO_6, Salze: Periodate).

Iod bildet mit den anderen Halogenen einige Verbindungen, die fast immer direkt aus den Elementen darstellbar sind. Iod tritt hierbei immer als der elektropositivere Bestandteil auf. Beispielsweise ist Iod-V-fluorid (IF_5) eine farblose, schwere und flüchtige Flüssigkeit (Schmelzpunkt −8 °C, Siedepunkt 98 °C), die an der Luft raucht und durch Wasser zu Iodsäure und Fluorwasserstoff hydrolysiert wird. Iod-VII-fluorid (IF_7) ist ein Gas mit einem Sublimationspunkt von 5 °C. Iod-I-chlorid (ICl) entsteht durch Überleiten von Chlor über Iod als roter Feststoff, der bei

27 °C schmilzt und äußerst hydrolyseempfindlich ist. Iod-III-chlorid (ICl_3) ist in sehr wirkungsvolles Antiseptikum und wird durch Reaktion von Iod mit flüssigem Chlor in Form orangener Kristalle erhalten.

Anwendungen Iodtinktur und einige leicht Iod abspaltende Verbindungen (z. B. Iodoform, CHI_3) verwendet man als Mittel gegen Hautpilz (Antimykotikum) und Desinfektionsmittel für medizinische Zwecke (Antiseptikum). Iodwasser kann aber, im Gegensatz zu Chlorwasser, keine Algen mehr abtöten, so dass man ein Algenbekämpfungsmittel zusetzen muss.

Zur Vorbeugung des Iodmangels, der u. a. zur „Kropfbildung" führen kann, setzt man Natrium- oder Kaliumiodat in kleinen Mengen dem Speisesalz („Iodsalz") zu.

Iod wird öfters als Katalysator bei chemischen Reaktionen eingesetzt, z. B. bei der stereospezifischen Polymerisation von 1,3-Butadien, der elektrophilen Sulfurierung aromatischer Verbindungen (Lewis-Säure-Katalysator) und auch der Alkylierung und Kondensation aromatischer Amine.

Iodierte Aromaten dienen als Röntgenkontrastmittel, Natriumiodid als Szintillator in Szintillationszählern. Die radioaktiven Isotope $^{131}_{53}I$ (Halbwertszeit: 8,02 d) und $^{123}_{53}I$ (Halbwertszeit 13,22 h) setzt man als Radiopharmaka zur Therapie vorwiegend von Schilddrüsenerkrankungen ein.

Biologische Bedeutung und Toxizität In Kernkraftwerken sowie bei der Explosion von Nuklearwaffen werden unter anderem auch radioaktive Iodisotope freigesetzt. Für die im Umfeld eines Kernkraftwerkes lebende Bevölkerung halten Bund und Länder Millionen von Kaliumiodid-Tabletten ($K^{127}_{53}I$) bereit, die im Falle eines Störfalles eingenommen werden sollen. Dies soll die Aufnahme eventuell freigesetzter radioaktiver, flüchtiger und sich schnell verteilender Iodisotope und deren Speicherung beispielsweise in der Schilddrüse vermeiden.

Im menschlichen Organismus liegt Iod chemisch gebunden in den Schilddrüsenhormonen Thyroxin (T4) und Triiodthyronin (T3) vor; die Gesamtmenge des im Körper enthaltenen Iods liegt meist zwischen 10 und 30 mg/L. Iodmangel führt zuerst zu Kropfbildung, später bzw. bei ständig deutlicher Unterversorgung auch zur Unterfunktion der Schilddrüse (Hypothyreose). Da Thyroxin (T4) und Triiodthyronin (T3) wichtige Funktionen bei Stoffwechselprozessen ausüben, entstehen aus einer Unterfunktion der Schilddrüse schwere Stoffwechselstörungen. Seefisch, Tang und Algen enthalten viel Iod, so dass durch deren Verzehr Symptome von Iodmangel vermieden werden.

Die in deutschen Böden vorliegende durchschnittliche Konzentration ist für eine ausreichende Versorgung der Bevölkerung mit diesem Spurenelement zu niedrig. Daher führen die Gesundheitsbehörden regional eine Iodprophylaxe durch, so dass

Kinder in einem von der Weltgesundheitsorganisation (WHO) noch akzeptierten Bereich mit Iod versorgt sind (Wert für die Iodurie 117 µg/L (Thamm et al. 2007)).

Werden zu hohe Dosen an Iodverbindungen aufgenommen, so kommt es oft zur Reizung von Haut und Schleimhaut, Schnupfen und Bronchitis. Nach Aufnahme von größeren, aber immer noch im Bereich von mg liegenden Dosen von kann es zur Reizung von Haut und Schleimhaut, Schnupfen und Bronchitis kommen.

Trotz seiner im Vergleich zu Chlor und Brom deutlich geringeren Aggressivität hat die EU Iod als umweltgefährlichen Gefahrstoff eingestuft, bei dessen Handhabung Schutzmaßnahmen zu treffen sind. Reste von Iod müssen durch eine wässrige Lösung von Natriumthiosulfat unschädlich gemacht werden, des Weiteren sind Abwässer durch Zugabe von Natriumhydrogencarbonat zu neutralisieren. Außerdem darf, wie bereits erwähnt, Iod nie in Kontakt mit Ammoniakwasser kommen, da sich sonst explosiver Iodstickstoff bilden kann.

Astat

Symbol	At	
Ordnungszahl	85	
CAS-Nr.	7440-68-8	
Aussehen	Metallisch glänzender Feststoff	
Entdecker, Jahr	McKenzie, Corson, Segrè (USA), 1940	
Wichtige Isotope [natürliches Vorkommen (%)]	Halbwertszeit	Zerfallsart, -produkt
${}^{210}_{85}At$ (100, bzw. synth.)	8,3 h	$\varepsilon > {}^{210}_{84}Po$, $\alpha > {}^{206}_{83}Bi$
Massenanteil in der Erdhülle (ppm)		3×10^{-21}
Atommasse (u)		209,9871
Elektronegativität (Pauling ♦ Allred&Rochow ♦ Mulliken)		2,2 ♦ K. A. ♦ K. A.
Normalpotential für: $At_2 + 2\,e^- > 2\,At^-$ (V)		+0,2
Atomradius (pm)		Keine Angabe
Van der Waals-Radius (berechnet, pm)		202
Kovalenter Radius (pm)		150
Elektronenkonfiguration		[Xe] $4f^{14}\ 5d^{10}\ 6s^2\ 6p^5$
Ionisierungsenergie (kJ/mol), erste		899
Magnetische Volumensuszeptibilität		Keine Angabe
Magnetismus		Diamagnetisch
Kristallsystem		Orthorhombisch
Schallgeschwindigkeit (m/s, bei 273,15 K)		Keine Angabe

Dichte (g/cm³, bei 273,15 K)	6,2–6,5 (geschätzt)
Molares Volumen (m³/mol, im festen Zustand)	$33{,}1 \cdot 10^{-6}$ (fest)
Wärmeleitfähigkeit ([W/(m × K)])	2
Spezifische Wärme ([J/(mol × K)])	33,95
Schmelzpunkt (°C ♦ K)	302 ♦ 575,15
Schmelzwärme (kJ/mol)	6
Siedepunkt (°C ♦ K)	337 ♦ 610,15
Verdampfungswärme (kJ/ mol)	54,4
Tripelpunkt (°C ■ kPa)	Keine Angabe
Kritischer Punkt (°C ■ MPa)	Keine Angabe

Vorkommen Astat ist ein radioaktives chemisches Element, das beim natürlichen Zerfall von Uran entsteht. Im Periodensystem steht es in der 7. Hauptgruppe unterhalb des Iods und ist damit ebenfalls ein Halogen. Wenn man von den schweren Transuranen einmal absieht, ist Astat das seltenste Element auf der Erde, sodass es bei Bedarf auf künstlichem Wege hergestellt wird (Merkel 2011). Von Astat, Radon (Ordnungszahl: 86) und Francium (Ordnungszahl: 87) besitzen alle Isotope sehr kurze Halbwertszeiten von wenigen Tagen oder Stunden, was einen drastischen Einbruch der Isotopenstabilität zwischen Elementen geringeren Atomgewichtes wie Blei (Ordnungszahl: 82, stabile Isotope) oder Wismut (Ordnungszahl: 83, radioaktive Isotope extrem langer Halbwertszeit) und denen höheren Atomgewichts (Thorium: Ordnungszahl: 90, radioaktiv, aber ebenfalls sehr langlebig) bedeutet.

Die Gesamtmenge des auf der Erde zu jedem beliebigen Zeitpunkt vorkommenden Astats wird auf Menge von 160 mg bis maximal 25 g (!) geschätzt.

Gewinnung Astat stellt man durch Beschuss von Wismut-Kernen mit α-Teilchen einer Energie von 26 bis 29 MeV her. Man erhält dabei die relativ langlebigen Isotope $^{209}_{85}At$ bis $^{211}_{85}At$, die dann im Stickstoffstrom bei 450 bis 600 °C sublimiert werden. Der At_2-Moleküle enthaltende Dampf wird an einer gekühlten Platinscheibe niedergeschlagen, an der sich kleinste Kristalle bilden.

Eigenschaften Massenspektrometrische Versuche zeigten, dass sich Astat chemisch wie die anderen Halogene, vor allem wie Iod verhält. Nur hat Astat einen noch stärker metallischen Charakter als Iod. Es sammelt sich aber andererseits auch wie Iod in der Schilddrüse an. Jüngst führten Mitarbeiter des Brookhaven National Laboratory (USA) Experimente zur Identifikation und Messung grundlegender chemischer Reaktionen durch, die auch Astat einschlossen.

Der am CERN in Genf stationierte On-line-Isotopen-Massenseparator (ISOLDE) diente 2013 unter anderem dazu, das Ionisationspotenzial von Astat (9,3175 eV) zu bestimmen (Deutsche Physikalische Gesellschaft e. V. 2013) Von Astat existieren rund zwanzig bekannte, sämtlich radioaktive Isotope, die alle sehr kurzlebig sind. Das noch längstlebige, ${}^{210}{}_{85}At$, hat eine Halbwertszeit von auch nur 8,3 h. Nur 1 µg des Isotops ${}^{211}{}_{85}At$ besitzt eine sehr hohe Radioaktivität von $7{,}62 \times 10^{10}$ Bcq; ${}^{210}{}_{85}At$ und ${}^{209}{}_{85}At$ zeigen eine ähnlich hohe Aktivität.

Astat sublimiert weniger stark als Iod und besitzt auch einen geringeren Dampfdruck (Allison et al. 1931). Jedoch verdampft etwa die Hälfte des Astats innerhalb einer Stunde, wenn es in eine offene Glasschale gelegt und diese bei Raumtemperatur stehen gelassen wird.

Verbindungen Die chemischen Eigenschaften von Astat konnten aufgrund der extrem geringen zur Verfügung stehenden Mengen bislang ausschließlich mit Tracerversuchen ermittelt werden. In seinem Verhalten ähnelt Astat stark dem Iod, ist aber ein schwächeres Oxidationsmittel als jenes. Man konnte bisher verschiedene Astatide (mit dem Anion At^-) sowie astathaltige Interhalogen- und organische Verbindungen nachweisen, ebenso die Anionen der entsprechenden Sauerstoffsäuren.

So kann AtJ aus einer wässrigen Iod-Astat-Lösung heraus gewonnen werden, dagegen AtBr und AtCl durch Umsatz elementaren Astats mit Brom bzw. Iod in wasserfreien Systemen.

Astat ist elektropositiver als die bisher diskutierten Halogene (Fluor, Chlor, Brom, Iod) und verhält sich nur noch teilweise wie ein solches, vielmehr leitet es in seinen Eigenschaften zu den Halbmetallen über. Von Silber wird es nur noch unvollständig als Halogenid (AgAt) ausgefällt, eine Reaktion, die Iodid noch in vollem Umfang zeigt (Allison et al. 1931; Kugler und Keller 1985).

Astat kann nicht nur anodisch – wie dies für Halogene üblich ist – sondern auch kathodisch abgeschieden werden, da das At^+-Kation in Lösung durch zwei Pyridin-Liganden stabilisiert werden kann. Im Molekül des Dipyridinastat-I-perchlorat ($[At(C_5H_5N)_2][ClO_4]$) und dem des analogen Nitrats ist das Astatatom an jedes Stickstoffatom in den beiden Pyridin-Ringen gebunden (Zuckerman und Hagen 1989).

Astatwasserstoff (eigentlich korrekt: Astathydrid!) ist schon lange bekannt und wird sehr leicht durch Sauerstoff in Astat und Wasser umgewandelt. Umsetzung mit verdünnter Salpetersäure liefert elementares Astat und At^+-Kationen.

Astat geht Verbindungen mit Bor (Davidson 2000), Kohlenstoff und Stickstoff ein (Kugler und Keller 1985). Es existieren verschiedene Bor-Astat-Verbindungen, in deren Kristallgitter Käfige aus Boratomen dominieren. Astat-Bor-Bindungen sind stabiler als die zwischen Astat- und Kohlenstoffatomen (Elgqvist et al. 2011), obwohl ein Tetraastatkohlenstoff (CAt_4, korrekt: Tetraastatcarbid!) synthetisiert wurde (Trimble 1975).

Alle Oxoanionen sind charakterisiert. Perastatat (AtO_4^-), in denen Astat in seiner höchstmöglichen Oxidationsstufe auftritt (+7), ist ein sehr starkes Oxidationsmittel. Es ist durch Oxidation von Astatat (AtO_3^-) mit Xenon-II-fluorid oder Periodat in alkalischer Lösung darstellbar und auch nur in neutraler oder alkalischer Lösung stabil (Kugler und Keller 1985).

Die Oxidationsstufe +5 [Astatat (AtO_3^-)] ist die stabilste, womit sich der Trend vom relativ instabilen Chlorat zum beständigen Astatat fortsetzt. Es kann z. B. durch Umsetzung von Astat mit Kaliumhypochlorit in Kalilauge (Kugler und Keller 1985) oder mit Natriumperoxodisulfat dargestellt werden, letztgenanntes Verfahren wurde zur Herstellung von Lanthanastatat [$La(AtO_3)_3$] eingesetzt (Lavrukhina und Pozdnyakov 1970).

Astatige Säure ($HAtO_2$) ist im Unterschied zur Iodigen Säure ebenfalls bekannt. Da die Ionen AtO^+, AtO_2^- erzeugt und nachgewiesen wurden, muss man hier eher von Astat-III-oxid-hydroxid sprechen; die Säure reagiert amphoter. Sie kann durch Oxidation von Astat mit Brom und nachfolgender Hydrolyse des Astat-III-bromids ($AtBr_3$) erhalten werden.

Hypoastatige Säure (HAtO) entsteht bei der Auflösung und Disproportionierung elementaren Astats in Wasser, bevorzugt ebenfalls in alkalischer Lösung. Sie ist noch schwächer als die Hypoiodige Säure und im sauren Milieu so leicht protonierbar, dass sie sich infolge Abspaltung eines Wassermoleküls zu echten Astat-Kationen (At^+) zerfällt. Dies wird bei der Hypoiodigen Säure auch nicht bei $pH \leq 0$ beobachtet.

At^+-Kationen sind sogar als schwerlösliches Sulfid (At_2S) ausfällbar (!), ein weiteres Beispiel für die Sonderrolle des Astats unter den Halogenen. Hier lehnt sich Astat an seine beiden linken Nachbarn im Periodensystem, Polonium und Wismut, an.

Anwendungen Organische Astatverbindungen setzt man zur Bestrahlung bösartiger Tumore und als radioaktive Markierungsmittel für die Schilddrüse ein, denn Astat wird wie Iod in der Schilddrüse angereichert und in der Leber gespeichert (Willhauck et al. 2008).

Ununseptium

Symbol	Uus	
Ordnungszahl	117	
CAS-Nr.	54101-14-3	
Aussehen	Unbekannt, wahrscheinlich metallisch	
Entdecker, Jahr	Vereinigtes Institut für Kernforschung (Russland) und Lawrence Livermore National Laboratory (USA), 2010 GSI Helmholtzzentrum für Schwerionenforschung (Deutschland), 2014	
Wichtige Isotope [natürliches Vorkommen (%)]	Halbwertszeit	Zerfallsart, -produkt
${}^{293}_{117}$Uus (synthetisch)	14 ms	$\alpha > {}^{290}_{115}$Uup
${}^{294}_{117}$Uus (synthetisch)	78 ms	$\alpha > {}^{289}_{115}$Uup
Massenanteil in der Erdhülle (ppm)		–
Atommasse (u)		(294)
Elektronegativität (Pauling ♦ Allred&Rochow ♦ Mulliken)		Keine Angabe
Atomradius (pm)		138[a]
Van der Waals-Radius (berechnet, pm):		Keine Angabe
Kovalenter Radius (pm):		157[a]
Elektronenkonfiguration:		[Rn] $5f^{14}$ $6d^{10}$ $7s^2$ $7p^5$
Ionisierungsenergie (kJ/mol), erste ♦ zweite		743[a] ♦ 1785–1920[a]
Magnetische Volumensuszeptibilität		Keine Angabe
Magnetismus		Diamagnetisch
Kristallsystem		Keine Angabe
Schallgeschwindigkeit (m/s, bei 273,15 K)		Keine Angabe
Dichte (g/cm^3, bei 273,15 K)		7,1–7,3[a]
Molares Volumen (m^3/mol, im festen Zustand)		$40{,}8 \cdot 10^{-6}$ (fest)[a]
Wärmeleitfähigkeit ([W/(m × K)])		Keine Angabe
Spezifische Wärme ([J/(mol × K)])		Keine Angabe
Schmelzpunkt (°C ♦ K)		300–500[a] ♦ 573–773[a]
Schmelzwärme (kJ/mol)		Keine Angabe
Siedepunkt (°C ♦ K)		550 ♦ 823
Verdampfungswärme (kJ/mol)		Keine Angabe
Tripelpunkt (°C ■ kPa)		Keine Angabe
Kritischer Punkt (°C ■ MPa)		Keine Angabe

[a] Geschätzte bzw. vorhergesagte Werte

Herstellung und Eigenschaften Ununseptium ist ein chemisches Element und gehört ebenfalls zur Gruppe der Halogene. Es wurde am Kernforschungszentrum Dubna (bei Moskau, Russland) 2010 erstmals künstlich erzeugt. Man bezeichnet es auch als Eka-Astat.

Ununseptium (Uus) erzeugte man 2010 durch den Beschuss von Berkelium ($^{249}_{97}Bk$) mit Kernen des Calciums ($^{48}_{20}Ca$) (Schenkman 2010; Spiegel Online 2010; Nuclear Missing Link Created at Last: Superheavy Element 117 2010). Hierzu stellte man zunächst eine Probe von 22 mg des Berkelium-Isotops $^{249}_{97}Bk$ durch achtmonatige Bestrahlung her und ließ diese dann für ein weiteres Vierteljahr im Oak Ridge National Laboratory reinigen. Diese so aufgearbeitete Probe wurde am Vereinigten Institut für Kernforschung (JINR), Dubna, Russland, im U 400-Zyklotron während eines Zeitraums von fünf Monaten mit Calcium-Kernen ($^{48}_{20}Ca$) beschossen; dabei entstanden die ersten sechs Atome des Ununseptiums. Fünf von ihnen entfielen auf $^{293}_{117}Uus$ (Halbwertszeit: 14 ms), eines auf $^{294}_{117}Uus$ (Halbwertszeit: 78 ms) (Yu 2010; Lawrence Livermore National Laboratory 2010). 2014 gelang die Synthese von Isotopen des Elements auch in Deutschland, am GSI Helmholtzzentrum für Schwerionenforschung (Khuyagbaatar et al. 2014; GSI Aktuell 2014).

Die für derart schwere Atomkerne gemessenen Halbwertszeiten des Zerfalls sind außerordentlich lang, so dass dieser Befund einmal mehr die Existenz einer Insel der Stabilität für superschwere Nuklide beweist, deren Maximum (höchste Erhebung oder Stabilität) bei Kernen im Bereich der Ordnungszahlen 112 und 114 liegen sollte.

Literatur

Alchemist-hp, H. Pniok, www.pse-mendelejew.de Das chemische Element Chlor, verflüssigt unter Druck bei > 7,4 bar, eingeschmolzen in einer Quarzampulle, eingegossen in einem Acrylglaswürfel, Kantenlänge 5 cm. Creative Commons 'Attribution-NonCommercial-NonDerivative 3.0 (US), unportiert

F. Albers, Fundamentale Eigenschaften des seltensten natürlichen Elements vermessen Deutsche Physikalische Gesellschaft Bundesministerium für Bildung und Forschung, Bonn und Berlin, Deutschland (Welt der Physik,2013)

F. Allison et al., Evidence of the detection of element 85 in certain substances. Phys. Rev. **37**, 1178–1180 (1931)

P.W. Atkins, J. de Paula, *Physikalische Chemie*, 4. Aufl. (Wiley-VCH, Weinheim, 2006), S. 1122. ISBN 978-3-527-31546-8

H. Bangen, *Geschichte der medikamentösen Therapie der Schizophrenie*, (VWB-Verlag, Berlin, Deutschland, 1992), S. 22. ISBN 3-927408-82-4

L.S. Birnbaum, D.F. Staskal, Brominated flame retardants: cause for concern? Environ. Health. Perspect. **112**, 9–17 (2004)

R. Brückner, *Reaktionsmechanismen*, 3. Aufl. (Spektrum Akademischer Verlag, München, 2004a), S. 21–26. ISBN 3-8274-1579-9

R. Brückner, *Reaktionsmechanismen*, 3. Aufl. (Spektrum Akademischer Verlag, München, 2004b), S. 217–220. ISBN 3-8274-1579-9

J. Burdon et al., Is fluorine gas really yellow? J. Fluorine. Chem. **34**, 471–474 (1987)

R. Buttgereit, *Die Chlorchemie auf dem Prüfstand – gibt es Alternativen?*, Spektrum der Wissenschaft, S. 108–113 (1994)

G.H. Cady, Reaction of fluorine with water and with hydroxides. J. Am. Chem. Soc. **57**, 246–249 (1935)

R. L. Collin, The crystal structure of solid chlorine. Acta. Cryst. **5**, 431–432 (1952)

R. L. Collin, The crystal structure of solid chlorine: correction. Acta. Cryst. **9**, 537 (1956)

M. Dameris et al., Das Ozonloch und seine Ursachen. Chemie in unserer Zeit. **41**(3), 152–168 (2007)

M. Davidson, Contemporary boron chemistry, Royal Soc. Chem. 146 (2000). ISBN 978-0-85404-835-9

Dnn87, Iodine sealed in glass-bottle from the Dennis s.k collection, Eigenes Foto (2008), Creative Commons Lizenz 3.0, unportiert (2014)

H. Sicius, *Halogene: Elemente der siebten Hauptgruppe*, essentials,
DOI 10.1007/978-3-658-10190-9

S.L. Edwards et al., The crystal structure of fluoride-inhibited cytochrome c peroxidase. J. Biol. Chem. **259**(21), 12984–12988 (1984)

C. Ekmekcioglu, W. Marktl, *Essentielle Spurenelemente: Klinik und Ernährungsmedizin* (Springer-Verlag, Heidelberg, 2006), S. 142–143. ISBN 978-3-211-20859-5

J. Elgqvist et al., *Ovarian cancer: background and clinical perspectives*, Targeted Radionuclide Therapy (Herausgeber S. Speer, Lippincott Williams & Wilkins, 2011), S. 380–396, ISBN 978-0-7817-9693-4

W. Forth et al., *Allgemeine und spezielle Pharmakologie und Toxikologie*, 8. Aufl. (Urban & Fischer, München, 2001). ISBN 3-437-42520-X

N.N. Greenwood, A. Earnshaw, *Chemie der Elemente*, 1. Aufl. (Wiley-VCH, Weinheim, 1988), S. 1035. ISBN 3-527-26169-9

G.W. Gribble, The diversity of naturally produced organohalogens. Chemosphere. **52**, 289–297 (2003)

GSI Helmholtzzentrum für Schwerionenforschung GmbH, Darmstadt, Deutschland, gsi.de. Zugegriffen: 17. Mai 2014 (2014)

T. Hahndorf, 0,1 ml Brom in einer Ampulle, eigenes Foto, (2006)

J. Hilfenhaus et al., Hämolyse von Säugererythrozyten durch Flußspat. Arch. Hyg. **153**, 109 (1969)

A.F. Holleman, E. Wiberg, N. Wiberg, *Lehrbuch der Anorganischen Chemie*, 102. Aufl. (Walter de Gruyter, Berlin, 2007a), S. 214. ISBN 978-3-11-017770-1

A.F. Holleman, E. Wiberg, N. Wiberg, *Lehrbuch der Anorganischen Chemie*, 102. Aufl. (De Gruyter, Berlin, 2007b), S. 436. ISBN 978-3-11-017770-1

A.F. Holleman, E. Wiberg, N. Wiberg, *Lehrbuch der Anorganischen Chemie*, 102. Aufl. (De Gruyter Verlag, Berlin, 2007c), S. 440. ISBN 978-3-11-017770-1

A.F. Holleman, E. Wiberg, N. Wiberg, *Lehrbuch der Anorganischen Chemie* 102. Aufl. (De Gruyter, Berlin, 2007d), S. 488–489. ISBN 978-3-11-017770-1

S. M. Jasinski, Minerals Yearbook 2006, Bromine, U. S. Geological Survey, U.S. Department of the Interior (2007)

T. Jordan et al., Single crystal X-Ray diffraction study of β-Fluorine. J. Tech. Phys. **41**(3), 760–764 (1964)

W. Keim, B. Schwederski, *Bioanorganische Chemie*, 4. Aufl. (Teubner-Verlag, 2005a). ISBN 3-519-33505-0

W. Keim, B. Schwederski, *Bioanorganische Chemie*, 4. Aufl. (Teubner-Verlag, Wiesbaden, 2005b), S. 7. ISBN 3-519-33505-0

W. Keim, B. Schwederski, *Bioanorganische Chemie*, 4. Aufl. (Teubner-Verlag, Wiesbaden, 2005c), S. 14. ISBN 3-519-33505-0

J. Khuyagbaatar, A. Yakushev et al., 48Ca+249Bk Fusion reaction leading to element Z=117: Long-lived α-decaying 270db and discovery of 266Lr. Phys. Rev. Lett. **112**, 172501 (2014)

E.J. King et al., Tissue reactions produced by calcium fluoride in the lungs of rats. Br. J. Ind. Med. **15**(3), 168–171 (1958)

Th.M. Klapötke, I.C. Tornieporth-Oetting, *Nichtmetallchemie* (Wiley-VCH, Weinheim, 1994), S. 397. ISBN 3-527-29052-4

H.S. Kugler, C. Keller, ‚*At, Astatine*', System No. 8a, *Gmelin handbook of inorganic and organometallic chemistry 8,* 8. Aufl. (Springer-Verlag, Heidelberg, 1985a), S. 109–110/129/213. ISBN 3-540-93516-9

H.S. Kugler, C. Keller, ‚*At, Astatine*', System No. 8a, *Gmelin handbook of inorganic and organometallic chemistry 8,* 8. Aufl. (Springer-Verlag, Heidelberg, 1985b), S. 112/192–193. ISBN 3-540-93516-9

H.S. Kugler, C. Keller, ‚*At, Astatine*', System No. 8a, *Gmelin handbook of inorganic and organometallic chemistry 8,* 8. Aufl. (Springer-Verlag, Heidelberg, 1985c), S. 222. ISBN 3-540-93516-9

A.K. Lavrukhina, A.A. Pozdnyakov, *Analytical chemistry of technetium, promethium, astatine, and francium* (Humphrey Science Publishers, Ann Arbor, 1970), S. 238. ISBN 0250399237

Lawrence Livermore National Laboratory, *Collaboration expands the periodic table, one element at a time*, Science and Technology Review, October/November (2010)

E. Leyton, *Dying hard. The ravages of industrial carnage* (McClelland and Stewart Ltd., Toronto, 1975), ISBN 0-7710-5304-5

D.R. Lide (Herausgeber), Section 14, *geophysics, astronomy, and acoustics; abundance of elements in the earth's crust and in the Sea*, in: *CRC handbook of Chemistry and Physics*, 85. Aufl (CRC Press, Boca Raton, 2005)

A. Lubkowska et al., Interactions between fluorine and aluminium. Fluoride. **35**(2), 73–77 (2002)

A.S. McCall, A. Scott, Bromine is an essential trace element for assembly of collagen IV Scaffolds in Tissue development and architecture. Cell. **157**(6), 380–1392 (2014)

W. Merkel, *Astat ist das seltenste Element auf der Erde*, Welt.de, 3. September 2011. Zugegriffen: 6. Sept. 2011

B.G. Mueller, *A tube with liquid fluorine in a cryogenic bath,* (Creative Commons-Lizenz 3.0 unportiert) (2011)

U. Müller, *Anorganische Strukturchemie*, 6. Aufl (Teubner, Stuttgart, 2008), S. 153

K. Naumann, Chlorchemie in der Natur. Chemie in unserer Zeit. **27**(1), 33–41 (1993)

DOE/Lawrence Livermore National Laboratory, *Nuclear Missing Link Created at Last: Superheavy Element 117*, Science daily, http://www.sciencedaily.com/releases/2010/04/100406181611.htm, 7. April (2010)

W. Oelen, Chlorine gas in an ampoule, eigenes Foto (2008) Private Mitteilung, http://woelen.homescience.net/science/index.html (2008)

Yu.Ts. Oganessian, D.A. Shaughnessy et al., Synthesis of a new element with atomic number Z=117. Phy. Rev. Lett. **104**, 142502–142505 (2010)

L. Pauling, I. Keaveny, A.B. Robinson, The crystal structure of α-fluorine. J. Solid State Chem. **2**, 225–221 (1970)

A.T. Proudfoot et al., Sodium Fluoroacetate Poisoning. Toxicol. Rev. **25**(4), 213–219 (2006)

R. Rennie, *The dirt. Industrial disease and conflict at St. Lawrence, Newfoundland* (Fernwood Publishing, Winnipeg, MA, Kanada, 2008). ISBN 978-1-55266-259-5

E. Riedel, *Anorganische Chemie*. (Walter de Gruyter, Berlin, 2004)

Römpp Online, *Chlor*. (Georg Thieme Verlag, Stuttgart, abgerufen am 19. Mai 2012)

Römpp Online, *Fluor*. (Georg Thieme Verlag, Stuttgart, abgerufen am 27. Februar 2014a)

Römpp Online, *Glycerol*. (Georg Thieme Verlag, Stuttgart, abgerufen am 18. Juli 2014b)

Römpp Online, *Methyloxiran*. (Georg Thieme Verlag, Stuttgart, abgerufen am 6. Juli 2014c)

Römpp Online, *Chlorung*. (Georg Thieme Verlag, Stuttgart, abgerufen am 19. Juli 2014d)

J. Rudhard, C. Leinenbach, *Reactor for carrying out an etching method for a stack of masked wafers and an etching method*, Patent EP 1902456 A1, (Robert Bosch GmbH, veröffentlicht 26. März 2008)

J. Schmedt auf der Günne et al., *Elementares Fluor F_2 in der Natur – In-situ-Nachweis und Quantifizierung durch NMR-Spektroskopie*, Angewandte Chemie, S. 7968–7971 (2012)

L. Schenkman, *Finally, element 117 is here!*, Science Now, American Association for the Advancement of Science, Washington D. C., USA 7. April (2010).

K. G. Schmidt, Welche Stäube in der keramischen und Glas-Industrie sind gesundheitsschädlich? Ber. dtsch. Keram. Ges. **31**, 355 (1954)

P. Schmittinger et al., *Chlorine, Ullmann's encyclopedia of industrial chemistry*. (Wiley-VCH, Weinheim, 2006). ISBN 978-3-527-30385-4

K. Seitz et al., The spatial distribution of the reactive iodine species IO from simultaneous active and passive DOAS observations. Atmos. Chem. Phys. **10**(5), 2117–2128 (2010)

Spiegel Online, *Ordnungszahl 117: Physiker erzeugen neues chemisches Element*, 7. April (2010)

Stosser L, R. Heinrich-Weltzien, Kariespravention mit Fluoriden, Teil II: Klinische Applikationsformen der Fluoride sowie Fluoridstoffwechsel und Toxikologie. Oralprophylaxe Kinderzahnheilkd. **29**, 65–70 (2007)

H.-U. Süss, *Bleaching, Ullmann's encyclopedia of industrial chemistry*. (Wiley-VCH, Weinheim, 2006)

M. Thamm et al., Iodversorgung in Deutschland. Ergebnisse des Iodmonitorings im Kinder- und Jugendgesundheitssurvey (KiGGS). Bundesgesundheitsbl. Gesundheitsforsch. Gesundheitsschutz. **50**, 744–749 (2007)

E.D. Tressaud et al., Modification of surface properties of carbon-based and polymeric materials through fluorination routes: From fundamental research to industrial applications. J. Fluorine Chem. **128**(4), 378–391 (2007)

R.F. Trimble, What happened to alabamine, virginium, and illinium? J. Chem. Educ. **52**, 585 (1975)

V. Truesdale et al., The meridional distribution of dissolved iodine in near-surface waters of the Atlantic Ocean. Prog. Oceanogr. **45**(3), 387–400 (2000)

H. Valentin et al., *Arbeitsmedizin I. Arbeitsphysiologie und Arbeitshygiene. Grundlagen für Prävention und Begutachtung*, 3. Aufl. (Georg Thieme Verlag, Stuttgart, 1985). ISBN 3-13-572003-9

H. Wedepohl, The composition of the continental crust. Geochim. Cosmochim. Acta. **59**(7), 1217–1232 (1995)

P. Wiehl, Gesundheitsdepartement Basel-Stadt, Umstellung von der Trinkwasser- zur Salzfluoridierung in Basel, Basel, Schweiz (2003)

M.J. Willhauck et al., The potential of 211Astatine for NIS-mediated radionuclide therapy in prostate cancer. Eur. J. Nucl. Med. Mol. Imaging. **35**(7), 1272–1281 (2008)

J.J. Zuckerman, A.P. Hagen, *Inorganic reactions and methods*, Vol. 3, *The formation of bonds to halogens* (Part 1). (Wiley, New York, 1989), ISBN 978-0-471-18656-4